软件开发魔典

Vue.js
从入门到项目实践（超值版）

聚慕课教育研发中心　编著

清华大学出版社
北京

内容简介

本书采用"基础知识→核心应用→核心技术→项目实践"结构和"由浅入深，由深到精"的学习模式进行讲解。全书分为4篇，共18章，首先讲解了Vue基本简介、创建Vue简单实例、Vue的指令、基本特性、Vue的数据及事件绑定、Vue的过滤器和Vue的过渡动画等知识内容，还深入地讲解Vue的组件、Vue常用插件、Vue实例方法、Render函数及常见问题解析等核心编程技术，详细探讨了状态管理Vuex及Vue工程实例等知识内容。在实践环节不仅介绍了框架Vue的订餐管理系统、网上图书销售系统，还介绍了仿写网易云音乐系统，全面展现了项目开发实践的全过程。

本书旨在从多角度，全方位帮助读者快速掌握Vue语言开发技能，构建从高校到社会的就职桥梁，让有志于从事软件开发工作的读者轻松步入职场。本书赠送资源比较丰富，我们在本书前言部分对资源包的具体内容、获取方式及使用方法等做了详细说明。

本书适合希望学习框架语言编程的初、中级程序员和希望精通编程的程序员阅读，还可作为正在进行软件专业毕业设计的学生以及大专院校和培训机构的参考用书。

本书封面贴有清华大学出版社防伪标签，无标签者不得销售。

版权所有，侵权必究。举报：010-62782989，beiqinquan@tup.tsinghua.edu.cn。

图书在版编目（CIP）数据

Vue.js从入门到项目实践：超值版 / 聚慕课教育研发中心编著. —北京：清华大学出版社，2021.1（2021.9重印）
（软件开发魔典）

ISBN 978-7-302-56242-9

Ⅰ．①V… Ⅱ．①聚… Ⅲ．①网页制作工具－程序设计 Ⅳ．①TP392.092.2

中国版本图书馆CIP数据核字（2020）第151695号

责任编辑：张　敏
封面设计：杨玉兰
责任校对：胡伟民
责任印制：朱雨萌

出版发行：清华大学出版社
　　　网　　址：http://www.tup.com.cn, http://www.wqbook.com
　　　地　　址：北京清华大学学研大厦A座　邮　编：100084
　　　社 总 机：010-62770175　邮　购：010-83470235
　　　投稿与读者服务：010-62776969, c-service@tup.tsinghua.edu.cn
　　　质量反馈：010-62772015, zhiliang@tup.tsinghua.edu.cn
印 装 者：三河市金元印装有限公司
经　　销：全国新华书店
开　　本：203mm×260mm　　印　张：19　　字　数：560千字
版　　次：2021年3月第1版　　印　次：2021年9月第2次印刷
定　　价：79.80元

产品编号：084868-01

Vue.js 最佳学习线路

本书以 Vue.js 的最佳学习模式来安排内容结构，第 1～3 篇可使读者掌握 Vue 的基础知识、Vue 的核心应用、Vue 的核心技术等知识，第 4 篇可使读者拥有多个行业项目开发经验。

本书内容

全书分为 4 篇，共 18 章。

第 1 篇（第 1～8 章）为基础知识，本篇主要讲解 Vue.js 的基本知识、简单 Vue 实例的创建等内容，为后面更加深入地学习做铺垫、为使用 Vue.js 前端框架开发项目奠定基础。通过本篇内容的学习，读者可以了解 Vue.js 基本简介、Vue 简单实例创建、指令、基本特性、数据及事件绑定、过滤器、Vue 的动画和过渡等内容。

第 2 篇（第 9～13 章）为核心应用，本篇将介绍 Vue 核心应用技术的使用，包括如何使用 Vue 组件、常用插件、实例方法、Render 函数，以及在学习过程中可能出现的一些问题，包括安装错误、运行错误和你问我答等内容。通过本篇的学习，读者将对 Vue 有深刻的理解，进行深入的学习后，编程能力会有进一步的提高。

第 3 篇（第 14～15 章）为核心技术，本篇介绍 Vue 中常见的状态管理 Vuex，并且结合前面内容介绍 Vue 工程实例等知识内容，还将结合案例示范学习 Vue 中 webpack 开发中的打包、介绍 Vue 中的目录结构等知识内容，为编写和研发项目奠定基础。

第 4 篇（第 16～18 章）为项目实践，本篇融会贯通前面所学的编程知识、技能及开发技巧来开发实践项目。项目包括订餐管理系统、网上图书销售系统及仿网易云音乐系统等。通过本篇的学习，读者将对前端 Vue 框架在实际项目开发中的应用有一个深切的体会，为日后进行软件项目管理及实战开发积累经验。

全书不仅融入了笔者丰富的工作经验和多年的使用心得，还提供了大量来自工作现场的实例，具有较强的实用性和可操作性。读者系统学习后可以掌握 Vue 前端框架的基础知识，拥有全面编写框架的编程能力、优良的团队协同技能和丰富的项目实战经验。编写本书的目标就是让框架初学者快速成长为合格的中级程序员，通过演练积累项目开发经验和团队合作技能，在未来的职场中获取一个较高的起点，并能迅速融入软件开发团队中。

本书特色

1. 结构科学，自学更易

本书在内容组织和范例设计中充分考虑到中级学者的特点，由浅入深，循序渐进，无论读者是否接触过框架，都能从本书中找到最佳的起点。

2. 视频讲解，细致透彻

为降低学习难度，提高学习效率，本书录制了同步微视频（模拟培训班模式）。通过视频讲解，除了能轻松学会专业知识外，还能获取老师的软件开发经验，使学习变得轻松有效。

3. 超多、实用、专业的范例和实践项目

本书结合实际工作中的应用范例逐一讲解 Vue 前端框架的各种知识和技术，在项目实践篇中更以 3 个项目实践来总结前 15 章介绍的知识和技能，使读者在实践中掌握知识、轻松拥有项目开发经验。

4. 随时检测自己的学习成果

每章首页中均提供了"本章概述"和"本章要点"，以指导读者重点学习及学后检查；章后的"就业面试技巧与解析"均根据当前最新求职面试（笔试）题精选而成，读者可以随时检测自己的学习成果，做到融会贯通。

5. 专业创作团队和技术支持

本书由聚慕课教育研发中心编著并提供在线服务。读者在学习过程中遇到任何问题，可加入图书读者服务（技术支持）QQ 群（529669132）进行提问，笔者和资深程序员将为读者在线答疑。

本书附赠超值王牌资源库

本书附赠了极为丰富超值的王牌资源库，具体内容如下。

（1）王牌资源 1：随赠本书"配套学习与教学"资源库，提升读者的学习效率。
- 全书同步 180 节教学微视频录像（支持扫描二维码观看），总时长 12 学时；
- 全书 3 个大型项目案例以及全部范例源代码；
- 本书配套上机实训指导手册，本书学习、授课与教学 PPT 课件。

（2）王牌资源 2：随赠"职业成长"资源库，突破读者职业规划与发展弊端与瓶颈。
- 求职资源库：100 套求职简历模板库、600 套毕业答辩与 80 套学术开题报告 PPT 模板库；
- 面试资源库：程序员面试技巧、200 道求职常见面试（笔试）真题与解析；
- 职业资源库：100 套岗位竞聘模板、程序员职业规划手册、开发经验及技巧集、软件工程师技能手册。

（3）王牌资源 3：随赠"Vue.js 开发魔典"资源库，拓展读者学习本书的深度和广度。
- 案例资源库：80 个实例及源码注释；
- 程序员测试资源库：计算机应用测试题库、编程基础测试题库、编程逻辑思维测试题库、编程英语水平测试题库；
- 软件开发文档模板库：10 套八大行业软件开发文档模板库等；
- 电子书资源库：Vue.js 速查手册、Vue.js API 速查手册、Vue.js 库速查手册、包列表速查手册、Vue.js 常见错误及解决方案、Vue.js 开发经验及技巧大汇总等。

（4）王牌资源 4：编程代码优化纠错器。
- 本纠错器能让软件开发更加便捷和轻松，无须安装配置复杂的软件运行环境即可轻松运行程序代码。
- 本纠错器能一键格式化，让凌乱的程序代码更加规整美观。
- 本纠错器能对代码精准纠错，让程序查错不在难。

上述资源获取及使用

注意：由于本书不配送光盘，书中所用及上述资源均需借助网络下载才能使用。

1. 资源获取

采用以下任意途径，均可获取本书所附赠的超值王牌资源库。
（1）加入本书微信公众号"聚慕课 jumooc"，下载资源或者咨询关于本书的任何问题。
（2）加入本书图书读者服务（技术支持）QQ 群（529669132），读者可以打开群"文件"中对应的 Word 文件，获取网络下载地址和密码。

2. 使用资源

读者可通过电脑/平板 App 端、微信端学习和使用本书微视频及资源。

本书适合哪些读者阅读

本书非常适合以下人员阅读。
- 没有任何前端 Vue 框架基础的初学者。
- 有一定的前端 Vue 框架开发基础，想精通编程的人员。
- 有一定的前端 Vue 框架开发基础，缺乏项目实践经验的人员。
- 正在进行软件专业相关毕业设计的学生。
- 大、中专院校及培训学校的老师和学生。

创作团队

本书由聚慕课教育研发中心组织编写，李良任主编，刘凯燕、李存永任副主编，参与本书编写的人员还有陈梦、裴垚等。

在编写过程中，我们尽己所能将最好的讲解呈现给读者，但也难免有疏漏和不妥之处，敬请读者不吝指正。

编著者

第1篇 基础知识篇

第1章 Vue.js 基本简介 ……………… 002
◎ 本章教学微视频
- 1.1 前端框架的发展历程 ………………… 002
  - 1.1.1 前端静态页面走向动态页面的转变 …………………………………… 002
  - 1.1.2 程序后端走向前端的转变 …… 003
- 1.2 Vue.js 介绍 …………………………… 003
  - 1.2.1 Vue.js 是什么 ………………… 004
  - 1.2.2 Vue.js 发展历程 ……………… 004
- 1.3 Vue.js 中的开发模式 ………………… 004
  - 1.3.1 MVC 模式介绍 ……………… 004
  - 1.3.2 MVP 模式介绍 ……………… 005
  - 1.3.3 MVVM 模式介绍 …………… 006
- 1.4 Vue.js 与其他框架比较 ……………… 007
  - 1.4.1 Vue.js 与 Angular 的比较 …… 007
  - 1.4.2 Vue.js 与 React 的比较 ……… 011
- 1.5 Vue.js 的兼容性 ……………………… 012
- 1.6 就业面试技巧与解析 ………………… 015
  - 1.6.1 面试技巧与解析（一） ……… 015
  - 1.6.2 面试技巧与解析（二） ……… 015

第2章 创建 Vue.js 简单实例 ……… 017
◎ 本章教学微视频
- 2.1 安装 Vue Devtools ………………… 017
- 2.2 下载、安装编辑器 HBuilder X 及引入 Vue.js 文件 ……………………………… 019
  - 2.2.1 安装编辑器 HBuilder X ……… 019
  - 2.2.2 下载 Vue.js 文件 ……………… 020
  - 2.2.3 在项目中引入 Vue.js 文件 …… 020
- 2.3 创建一个 Vue 实例 ………………… 021
- 2.4 实例的生命周期 ……………………… 023
- 2.5 就业面试技巧与解析 ………………… 029
  - 2.5.1 面试技巧与解析（一） ……… 029
  - 2.5.2 面试技巧与解析（二） ……… 029

第3章 Vue.js 指令 …………………… 030
◎ 本章教学微视频
- 3.1 内置指令 ……………………………… 030
  - 3.1.1 指令 …………………………… 030
  - 3.1.2 条件指令 ……………………… 039
- 3.2 自定义指令 …………………………… 042
  - 3.2.1 指令的注册 …………………… 042
  - 3.2.2 钩子函数 ……………………… 043
  - 3.2.3 钩子函数参数 ………………… 044
  - 3.2.4 函数简写 ……………………… 044
  - 3.2.5 对象字面量 …………………… 045
- 3.3 指令的高级选项 ……………………… 046
  - 3.3.1 deep …………………………… 046
  - 3.3.2 params ………………………… 046
  - 3.3.3 twoWay ………………………… 047
  - 3.3.4 priority ………………………… 047
  - 3.3.5 terminal ………………………… 047
  - 3.3.6 acceptStatement ……………… 048
- 3.4 就业面试技巧与解析 ………………… 049
  - 3.4.1 面试技巧与解析（一） ……… 049
  - 3.4.2 面试技巧与解析（二） ……… 049

第 4 章 Vue.js 基本特性 ·················· 050
◎ 本章教学微视频
- 4.1 实例及选项 ······················ 050
  - 4.1.1 数据 ······················ 050
  - 4.1.2 方法 ······················ 052
  - 4.1.3 模板 ······················ 054
  - 4.1.4 watch 函数 ················ 056
- 4.2 模板渲染 ······················ 057
  - 4.2.1 条件渲染 ·················· 058
  - 4.2.2 列表渲染 ·················· 060
  - 4.2.3 前后端渲染对比 ············ 063
- 4.3 extend 的用法 ·················· 064
- 4.4 就业面试技巧与解析 ············ 066
  - 4.4.1 面试技巧与解析（一）······ 066
  - 4.4.2 面试技巧与解析（二）······ 067

第 5 章 Vue 数据及事件绑定 ············ 068
◎ 本章教学微视频
- 5.1 数据绑定 ······················ 068
  - 5.1.1 数据绑定的方法 ············ 068
  - 5.1.2 计算属性 ·················· 072
  - 5.1.3 计算属性缓存 ·············· 073
  - 5.1.4 表单控件绑定 ·············· 074
  - 5.1.5 值绑定 ···················· 078
- 5.2 事件绑定与监听 ················ 079
  - 5.2.1 方法及内联处理器 ·········· 079
  - 5.2.2 修饰符 ···················· 081
  - 5.2.3 与传统事件绑定的区别 ······ 083
- 5.3 class 与 style 的绑定 ············ 084
  - 5.3.1 绑定<html>中 class 的方式 ·· 084
  - 5.3.2 绑定内联样式 ·············· 088
- 5.4 就业面试技巧与解析 ············ 090
  - 5.4.1 面试技巧与解析（一）······ 090
  - 5.4.2 面试技巧与解析（二）······ 090

第 6 章 Vue.js 过滤器 ·················· 091
◎ 本章教学微视频
- 6.1 过滤器的基本使用 ·············· 091
  - 6.1.1 全局过滤器 ················ 091
  - 6.1.2 局部过滤器 ················ 092
  - 6.1.3 JSON ······················ 095
  - 6.1.4 currency ··················· 097
- 6.2 双向过滤器 ···················· 099
- 6.3 自定义过滤器 ·················· 100
- 6.4 就业面试技巧与解析 ············ 103
  - 6.4.1 面试技巧与解析（一）······ 103
  - 6.4.2 面试技巧与解析（二）······ 103

第 7 章 Vue.js 过渡 ···················· 104
◎ 本章教学微视频
- 7.1 CSS 过渡 ······················ 104
  - 7.1.1 CSS 过渡的用法 ············ 104
  - 7.1.2 CSS 过渡钩子函数 ·········· 106
  - 7.1.3 自定义过渡类名 ············ 108
- 7.2 JavaScript 过渡 ·················· 108
  - 7.2.1 JavaScript 钩子函数过渡 ···· 108
  - 7.2.2 JavaScript 过渡的使用 ······ 109
- 7.3 多个元素的过渡 ················ 111
- 7.4 多个组件的过渡 ················ 112
- 7.5 transition-group 介绍 ············ 113
- 7.6 就业面试技巧与解析 ············ 113
  - 7.6.1 面试技巧与解析（一）······ 114
  - 7.6.2 面试技巧与解析（二）······ 114

第 8 章 Vue.js 动画 ···················· 115
◎ 本章教学微视频
- 8.1 CSS 动画 ······················ 115
  - 8.1.1 CSS 动画原理 ·············· 115
  - 8.1.2 同时使用过渡和动画 ········ 117
  - 8.1.3 显性的过渡持续时间 ········ 119
- 8.2 第三方动画库 ·················· 119
  - 8.2.1 使用 CCS 3 动画库@keyframes ······ 119
  - 8.2.2 使用 CCS 3 动画库 Animate.css ····· 121
  - 8.2.3 使用 JavaScript 动画库 Velocity.js ··· 122
- 8.3 动画钩子 ······················ 123
- 8.4 动画封装 ······················ 126
- 8.5 就业面试技巧与解析 ············ 128
  - 8.5.1 面试技巧与解析（一）······ 128
  - 8.5.2 面试技巧与解析（二）······ 128

第 2 篇　核心应用篇

第 9 章　Vue.js 组件 ………………………… 130
◎ 本章教学微视频
- 9.1 组件基本内容 ……………………………… 130
  - 9.1.1 组件是什么 ………………………… 130
  - 9.1.2 组件用法 …………………………… 131
  - 9.1.3 组件注册 …………………………… 134
  - 9.1.4 组件嵌套 …………………………… 136
  - 9.1.5 组件切换 …………………………… 137
  - 9.1.6 组件中的 data 和 methods ………… 138
- 9.2 组件通信 …………………………………… 139
  - 9.2.1 props/$emit ………………………… 140
  - 9.2.2 $emit 和 $on ………………………… 142
  - 9.2.3 $attrs 和 $listeners ………………… 144
  - 9.2.4 provide 和 inject …………………… 147
  - 9.2.5 $parent/$children 与 ref …………… 149
- 9.3 自定义事件监听 …………………………… 150
- 9.4 Vuex 介绍 ………………………………… 153
  - 9.4.1 Vuex 的原理 ………………………… 153
  - 9.4.2 Vuex 各个模块在流程中的功能 …… 153
  - 9.4.3 Vuex 与 localStorage ……………… 153
- 9.5 动态组件 …………………………………… 154
  - 9.5.1 基本用法 …………………………… 154
  - 9.5.2 切换钩子函数 ……………………… 156
  - 9.5.3 keep-alive ………………………… 158
- 9.6 slot ………………………………………… 159
- 9.7 就业面试技巧与解析 ……………………… 160
  - 9.7.1 面试技巧与解析（一）……………… 160
  - 9.7.2 面试技巧与解析（二）……………… 161

第 10 章　Vue.js 常用插件 ………………… 162
◎ 本章教学微视频
- 10.1 前端路由与 Vue-router 路由 …………… 162
  - 10.1.1 什么是前端路由 ………………… 163
  - 10.1.2 Vue-router 路由的高级用法 …… 163
- 10.2 状态管理与 Vuex ………………………… 164
  - 10.2.1 状态管理与使用场景 …………… 164
  - 10.2.2 安装并使用 Vuex ………………… 164
  - 10.2.3 设置与读取数据 ………………… 165
  - 10.2.4 更新数据 ………………………… 165
- 10.3 Vue-resource 插件 ……………………… 167
  - 10.3.1 引用方式 ………………………… 167
  - 10.3.2 使用方式 ………………………… 167
  - 10.3.3 拦截器的使用 …………………… 167
  - 10.3.4 封装 service 层 ………………… 168
  - 10.3.5 Vue-resource 优点 ……………… 169
- 10.4 Vue-router 插件 ………………………… 169
  - 10.4.1 引用方式 ………………………… 169
  - 10.4.2 基本用法 ………………………… 172
  - 10.4.3 Vue-router 跳转页面的方式 …… 174
  - 10.4.4 router 钩子函数 ………………… 175
- 10.5 就业面试技巧与解析 …………………… 177
  - 10.5.1 面试技巧与解析（一）…………… 177
  - 10.5.2 面试技巧与解析（二）…………… 178

第 11 章　Vue.js 实例方法 ………………… 179
◎ 本章教学微视频
- 11.1 虚拟 DOM 简介 ………………………… 179
  - 11.1.1 虚拟 DOM 是什么 ……………… 179
  - 11.1.2 为什么要使用虚拟 DOM ……… 180
- 11.2 实例属性 ………………………………… 182
  - 11.2.1 组件树的访问 …………………… 182
  - 11.2.2 虚拟 DOM 的访问 ……………… 182
  - 11.2.3 数据访问 ………………………… 183
- 11.3 实例方法 ………………………………… 183
  - 11.3.1 实例 DOM 方法的使用 ………… 183
  - 11.3.2 实例 event 方法的使用 ………… 183
  - 11.3.3 vm.$watch()的使用 …………… 185
  - 11.3.4 vm.$nextTick()的使用 ………… 185
- 11.4 就业面试技巧与解析 …………………… 186
  - 11.4.1 面试技巧与解析（一）…………… 186
  - 11.4.2 面试技巧与解析（二）…………… 187

第 12 章　Render 函数 …………………… 188
◎ 本章教学微视频
- 12.1 Render 简介 ……………………………… 188
  - 12.1.1 Render 函数是什么 ……………… 188
  - 12.1.2 Render 函数怎么用 ……………… 189
  - 12.1.3 在什么情况下使用 Render 函数 … 190

12.1.4 深入 data 对象	190
12.2 createElement 简介	191
12.2.1 基本参数	191
12.2.2 使用 JavaScript 代替模板功能	193
12.2.3 约束	194
12.3 函数化组件	195
12.4 JSX	195
12.5 就业面试技巧与解析	196
12.5.1 面试技巧与解析（一）	196
12.5.2 面试技巧与解析（二）	196

第 13 章 常见问题解析 ... 197
◎ 本章教学微视频

13.1 环境及安装问题解析	197
13.2 运行代码出现报错解析	197
13.3 你问我答解析	199
13.4 就业面试技巧与解析	201
13.4.1 面试技巧与解析（一）	201
13.4.2 面试技巧与解析（二）	202

第 3 篇 核心技术篇

第 14 章 状态管理 Vuex ... 204
◎ 本章教学微视频

14.1 概述	204
14.1.1 Vuex 介绍	204
14.1.2 状态管理与 Vuex	205
14.1.3 Vuex 适用场景	206
14.1.4 Vuex 的用法	206
14.2 Vuex 的五大属性	207
14.2.1 state	207
14.2.2 getters	207
14.2.3 mutations	208
14.2.4 actions	208
14.2.5 modules	209
14.3 中间件	210
14.3.1 state 快照	210
14.3.2 logger	210
14.4 严格模式	211
14.5 表单处理	212

14.6 就业面试技巧与解析	212
14.6.1 面试技巧与解析（一）	213
14.6.2 面试技巧与解析（二）	213

第 15 章 Vue 工程实例 ... 214
◎ 本章教学微视频

15.1 准备工作	214
15.1.1 webpack	214
15.1.2 vue-loader	216
15.2 项目目录结构	218
15.3 部署上线	219
15.3.1 生成上线文件	219
15.3.2 nginx	220
15.3.3 jenkins	220
15.3.4 gitlab	221
15.4 就业面试技巧与解析	222
15.4.1 面试技巧与解析（一）	222
15.4.2 面试技巧与解析（二）	222

第 4 篇 项目实践篇

第 16 章 订餐管理系统 ... 224
◎ 本章教学微视频

16.1 开发背景	224
16.2 系统功能设计	224
16.3 系统开发必备	225
16.3.1 系统开发环境要求	225
16.3.2 软件框架	225
16.3.3 框架整合配置	226
16.4 系统功能模块设计与实现	229
16.4.1 首页模块	229
16.4.2 商家介绍模块	232
16.4.3 系统商品模块	233
16.4.4 商品分类模块	236
16.4.5 商家评论模块	237
16.4.6 加入购物车模块	239
16.4.7 商家星级模块	241
16.5 本章总结	242

第 17 章 网上图书销售系统 ... 243
◎ 本章教学微视频

17.1 开发背景 243
17.2 系统功能设计 244
17.3 系统开发必备 244
 17.3.1 系统开发环境要求 244
 17.3.2 框架整合配置 244
 17.3.3 程序运行 245
17.4 系统功能模块设计与实现 246
 17.4.1 首页模块 246
 17.4.2 首页信息介绍模块 249
 17.4.3 用户登录模块 251
 17.4.4 图书模块 252
 17.4.5 购买模块 258
 17.4.6 支付模块 259
17.5 本章总结 261

第 18 章　仿网易云音乐系统 262
◎ 本章教学微视频

18.1 开发背景 262
18.2 产品定位 263
 18.2.1 需求分析 263
 18.2.2 用户分析 263
18.3 行业分析 264
18.4 用户需求 264
18.5 项目整体结构 265
18.6 系统功能模块设计与实现 265
 18.6.1 头部页面 266
 18.6.2 导航栏页面 266
 18.6.3 推荐页面 267
 18.6.4 搜索功能 272
 18.6.5 歌单页面 277
 18.6.6 歌手页面 279
 18.6.7 播放器 281
18.7 本章总结 292

第 1 篇

基础知识篇

本篇主要讲解 Vue.js 的基本知识、简单 Vue 实例的创建等内容，为后面更加深入地学习做铺垫、为使用 Vue.js 前端框架开发项目奠定基础。通过本篇内容的学习，读者可以了解 Vue.js 基本简介、Vue 简单实例创建、指令、基本特性、数据及事件绑定、过滤器、Vue 的动画和过渡等内容。

- 第 1 章　Vue.js 基本简介
- 第 2 章　创建 Vue.js 简单实例
- 第 3 章　Vue.js 指令
- 第 4 章　Vue.js 基本特性
- 第 5 章　Vue 数据及事件绑定
- 第 6 章　Vue.js 过滤器
- 第 7 章　Vue.js 过渡
- 第 8 章　Vue.js 动画

第 1 章
Vue.js 基本简介

本章概述

本章主要讲解 Vue.js 的基本知识、Vue.js 的发展历程、使用的开发软件等内容，为使用 Vue.js 前端框架开发项目奠定基础。通过本章内容的学习，读者可以了解 Vue.js 的基本知识及发展历程，还可以了解 Vue.js 的模式及它和其他流行前端框架之间的对比等。

本章要点

- Vue.js 基本介绍。
- Vue.js 框架的发展历程。
- Vue.js 的模式介绍。
- Vue.js 与 Angular 对比。
- Vue.js 与 React 对比。
- Vue.js 的兼容性。

1.1 前端框架的发展历程

我们都知道，三个非常受欢迎的前端框架 Vue、Angular、React 已经逐渐应用到各个项目和实际的应用中，它们都是 MVVM 数据驱动框架的一种。前端静态页面 HTML、JavaScript、Ajax、Node.js 等的问世，都对前端框架技术有着重大的影响。

1.1.1 前端静态页面走向动态页面的转变

前端主要是针对浏览器进行开发的，代码在浏览器中运行。想要学习前端的基础还需从学习 HTML 开始。

1991 年出现了世界上第一个网页，当时的 HTML 代码如下：

```
<HEADER>
<TITLE>The World Wide Web project</TITLE>
```

```
<NEXTID N="55">
</HEADER>
<BODY>
<H1>World Wide Web</H1>
The World Wide Web(W3) is a wide-area
<A NAME=0 HREF="WhatIs.html">hypermedia</A>
```

从上面的 HTML 源码中可以看到代码标签多,且格式没有明确规范,对于规范书写存在着问题。在这种情况下,Tim Berners Lee 创建了 W3C 标准机构,使得 HTML 的代码有一定的规范,但是在网页设计方面还是存在局限问题,不满足当时的需求。

在这种情况下 Sun 公司编写了 Java 小程序(Applet),可以在页面中实现酷炫的动态效果,大大增加了页面的美观效果。紧接着网景公司为了适应发展和需求花了两周时间开发出 JavaScript 语言,就是我们经常说的 JS 脚本语言。

HTML 语言和 JavaScript 的诞生使得网页之间可以进行更好的交互,但是出现了页面规划不整齐的情况,而且代码量大,代码利用率低。后来 Tim 的朋友发布了 CSS,至此前端三大核心出现。

在前端技术不断发展的同时,也出现了一系列的问题,比较繁杂的就是前端页面的浏览器不兼容问题。同一个 DOM 操作可能会需要写很多适配代码来兼容不同浏览器,于是比较便捷的语言 jQuery 诞生了,一套代码可以多端运行,使得代码的开发更加便捷。

1.1.2 程序后端走向前端的转变

后端主要针对服务器的开发,代码在服务器中运行。在前端发展的早期,网页的开发主要是由后端来主导的,前端可以对 DOM 进行操作。

后端的开发我们一般也称为服务器端开发。开发的数据不会对用户显示,主要是负责前端的请求,从而进行逻辑处理和数据的交互。例如上班的打卡信息,后端进行逻辑判断,是否在规定的时间、规定的地点进行打卡,若符合则将打卡的数据信息存储到数据库。

简单来说,后端负责数据,前端负责其他工作,这种分工模式使得开发更加清晰也更加高效。随着基础设置的不断完善以及代码封装层级的不断提高,使得前端能够完成的事越来越多,这是技术积累的必然结果。

前后端分离的好处是前端关注页面展现,后端关注业务逻辑,分工明确,职责清晰,前端工程师和后端工程师并行工作,大大提高了开发效率。

1.2 Vue.js 介绍

随着 Vue.js 不断地完善,慢慢地适应了市场的需求,它深得开发者的喜爱。Vue.js 建立于 Angular 和 React 的基础之上,保留了 Angular 和 React 的优点并强化了自身的独特之处,这保证了 Vue.js 足够的美好来吸引 JS 开发者的"胃口"。从 JS 前端框架的市场占有率和商业应用上讲,React 仍占据很大的市场。但是毫无疑问,Vue.js 不会消失,它正在持续地、一步步地被大家认可并付诸实践。事实上,据 StateOfJS 的调查结果显示,使用过 Vue.js 并将再次使用的开发者数量占比从 2017 年的 19.6%上升到 2018 年的 28.8%。在同一份调查的"用户满意度最高的前端框架"这一项上,Vue.js 获得了 91.2%的满意度。

1.2.1　Vue.js 是什么

Vue.js 是一款用于构建用户界面的渐进式框架。与其他大型框架不同的是，Vue 被设计为自下向上逐层应用。Vue.js 的核心库只关注视图层，不仅易于上手，还便于与第三方库或既有项目整合。另外，当与现代化的工具链及各种支持类库结合使用时，Vue.js 也完全能够为复杂的单页应用提供驱动。Vue.js 的目标是通过尽可能简单的 API 实现响应的数据绑定和组合的视图组件。

Vue.js 是用于构建交互式的 Web 界面的库，它提供 MVVM 数据绑定和一个可组合的组件系统，具有简单、灵活的 API。从技术上讲，Vue.js 集中在 MVVM 模式上的视图模型层（ViewModel），并通过双向数据绑定连接视图（View）和模型（Model），实际的 DOM 操作和输出格式则被抽象出来构成指令和过滤器。相比其他的 MVVM 模式框架，Vue.js 更容易上手，可以通过简单而灵活的 API 创建由数据驱动的 UI 组件。

1.2.2　Vue.js 发展历程

Vue.js 正式发布于 2014 年 2 月，从脚手架、组件、插件，到编辑器工具、浏览器插件等，基本涵盖了 Vue.js 从开发到测试等多个环节的工具。

Vue.js 的发展历程如下。

（1）2013 年 12 月 24 日，发布 v0.7.0。
（2）2014 年 1 月 27 日，发布 v0.8.0。
（3）2014 年 2 月 25 日，发布 v0.9.0。
（4）2014 年 3 月 24 日，发布 v0.10.0。
（5）2015 年 10 月 27 日，正式发布 v1.0.0。
（6）2016 年 4 月 27 日，发布 v2.0 的 Preview 版本。
（7）2017 年第一个发布的 Vue.js 为 v2.1.9，最后一个发布的 Vue.js 为 v2.5.13。
（8）2019 年发布的 Vue.js 为 v2.6.10，是比较稳定的版本。

1.3　Vue.js 中的开发模式

无论是前端还是后端开发，都有一定的开发模式。下面将介绍 MVC 模式（这种模式在 Java 后端开发中很常见）、MVP 模式及 Vue.js 中常见的 MVVM 模式。

1.3.1　MVC 模式介绍

MVC 的英文全称是 Model View Controller，它是一种软件设计典范，用一种业务逻辑、数据、界面显示分离的方法组织代码，将业务逻辑聚集到一个部件里面，在改进和个性化定制界面及用户交互的同时，不需要重新编写业务逻辑。MVC 被独特地发展起来，用于映射传统的输入、处理和输出功能在一个图形化用户界面的逻辑结构中。MVC 开始是存在于桌面程序中的，M 是指业务模型，V 是指用户界面，C 则是指控制器。使用 MVC 的目的是将 M 和 V 的实现代码分离，从而使同一个程序可以使用不同的表现形式。例如一批统计数据可以分别用柱状图、饼图来表示。C 存在的目的则是确保 M 和 V 的同步，一旦 M 改变，V 应该同步更新。

模型-视图-控制器（MVC）模式是 Xerox PARC（施乐帕克研究中心）在 20 世纪 80 年代为编程语言 Smalltalk-80 发明的一种软件设计模式，已被广泛使用。后来被推荐为 Oracle 旗下 Sun 公司 Java EE 平台的设计模式，并且受到越来越多使用 ColdFusion 和 PHP 的开发者的欢迎。MVC 模式也存在一定的优点和缺点。下面详细解析 MVC。

（1）模型：模型表示企业数据和业务规则。在 MVC 的三个部件中，模型拥有最多的处理任务。例如，可能用像 EJBs 和 ColdFusion Components 这样的构件对象来处理数据库。被模型返回的数据是中立的，就是说模型与数据格式无关，这样一个模型可以为多个视图提供数据。由于应用于模型的代码只需编写一次就可以被多个视图重用，因此减少了代码的重复性。

（2）视图：视图是用户能看到并与其交互的界面。对以前的 Web 应用程序来说，视图就是由 HTML 元素组成的界面；在现今的 Web 应用程序中，HTML 依旧在视图中扮演着重要的角色，但一些新的技术已层出不穷，它们包括 Adobe Flash 和像 XHTML、XML/XSL、WML 等一些标识语言与 Web Services。MVC 的优点是，它可以为应用程序处理多种不同的视图，而在视图中其实没有真正的处理发生。作为视图来讲，它只是作为一种输出数据并允许用户操纵的方式。

（3）控制器：控制器接收用户的输入并调用模型和视图去完成用户的需求，所以当单击 Web 页面中的超链接和发送 HTML 表单时，控制器本身不输出任何内容和做任何处理。它只是接收请求并决定调用哪个模型构件去处理请求，然后确定用哪个视图来显示返回的数据。

1.3.2 MVP 模式介绍

MVP 的英文全称为 Model View Presenter，它是从经典的 MVC 模式演变而来的。它们的基本思想有相通的地方：Controller/Presenter 负责逻辑的处理，Model 提供数据，View 负责显示。MVP 从 MVC 演变而来，通过表示器将视图与模型巧妙地分开。在该模式中，视图通常由表示器初始化，它负责呈现用户界面（UI），并接收用户所发出的命令，但不对用户的输入做任何逻辑处理，而仅仅是将用户输入转发给表示器。通常每一个视图对应一个表示器，但是也可能一个拥有较复杂业务逻辑的视图会对应多个表示器，每个表示器完成该视图的一部分业务处理工作，降低了单个表示器的复杂程度；一个表示器也能被多个有着相同业务需求的视图复用，增加单个表示器的复用度。表示器包含大多数表示逻辑，用以处理视图，与模型交互以获取或更新数据等。模型描述了系统的处理逻辑，但对于表示器和视图一无所知。

1. MVP 模式的优点

MVP 模式的优点体现在以下三个方面。

（1）View 与 Model 完全隔离。Model 和 View 之间具有良好解耦性的设计，这就意味着，如果 Model 或 View 中的一方发生变化，只要交互接口不发生变化，另一方就无须对上述变化做出相应的变化，这使得 Model 层的业务逻辑具有很好的灵活性和可重用性。

（2）Presenter 与 View 的具体实现技术无关。也就是说，采用诸如 Windows 表单、WPF（Windows Presentation Foundation）框架、Web 表单等用户界面构建技术中的任意一种来实现 View 层，都无须改变系统的其他部分。甚至为了使 B/S、C/S 部署架构能够被同时支持，应用程序可以用同一个 Model 层适配多种技术构建的 View 层。

（3）可以进行 View 的模拟测试。由于 View 和 Model 之间的紧耦合，在 Model 和 View 同时开发完成前对其中一方进行测试是不可能的。出于同样的原因，对 View 或 Model 进行单元测试很困难。MVP 模式解决了上述所有的问题。在 MVP 模式中，View 和 Model 之间没有直接依赖，开发者能够借助模拟对象注入测试两者中的任意一方。

2. MVP 模式与 MVC 模式的区别

MVP 模式示意图如图 1-1 所示。作为一种新的模式，MVP 与 MVC 有着一个重大的区别：在 MVP 中 View 并不直接使用 Model，它们之间的通信是通过 Controller 来进行的，所有的交互都发生在 Controller 内部；而在 MVC 中 View 会直接从 Model 中读取数据，而不是通过 Controller。在 MVC 中，View 是可以直接访问 Model 的。View 中会包含 Model 信息，不可避免地还要包括一些业务逻辑。在 MVC 模式中，更关注 Model 的不变，而同时有多个对 Model 的不同显示及 View。所以在 MVC 模式中，Model 不依赖于 View，但 View 是依赖于 Model 的。不仅如此，因为有一些业务逻辑在 View 中实现，导致要更改 View 也是比较困难的，至少那些业务逻辑是无法重用的，代码复用率低。

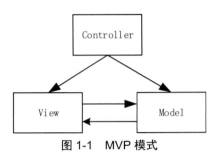

图 1-1　MVP 模式

1.3.3　MVVM 模式介绍

MVVM 是 Model View ViewModel 的简写，它本质上就是 MVC 模式的改进版，目的是将其中 View 的状态及行为抽象化，将视图 UI 和业务逻辑分开。ViewModel 可以做这些事情，它可以取出 Model 的数据，同时帮助处理 View 中由于需要展示内容而涉及的业务逻辑。如今越来越多的新技术，例如 Silverlight、音频、视频、3D、动画等技术的发展导致了软件 UI 层更加细节化、可定制化。同时，在技术层面，WPF 带来了如 Binding、Dependency Property、Routed Events、Command、DataTemplate、ControlTemplate 等新特性。MVVM 模式便是由 MVP 模式与 WPF 结合的应用方式发展演变过来的一种新型架构模式。它立足于原有 MVP 模式并把 WPF 的新特性纳入进去，以应对客户日益复杂的需求变化。

1. MVVM 模式的优点

MVVM 模式和 MVC 模式一样，主要目的是分离视图（View）和模型（Model），以下是 MVVM 模式的优点。

（1）低耦合。View 可以独立于 Model 变化和修改，一个 ViewModel 可以绑定到不同的 View 上，当 View 变化时 Model 可以不变，当 Model 变化时 View 也可以不变。

（2）可重用性。可以将一些视图逻辑放在一个 ViewModel 中，让很多 View 重用这段视图逻辑。

（3）独立开发。开发者可以专注于业务逻辑和数据的开发（ViewModel），设计人员可以专注于页面设计，使用 Expression Blend 工具可以很容易地设计界面并生成 XAML 代码。

（4）可测试。界面素来是比较难测试的，而基于 MVVM 模式，测试可以针对 ViewModel 来写。

2. MVVM 模式的组成部分

（1）模型：模型是指代表真实状态内容的领域模型（面向对象），或指代表内容的数据访问层（以数据为中心）。

（2）视图：就像在 MVC 和 MVP 模式中一样，视图是用户在屏幕上看到的结构、布局和外观。

（3）视图模型：视图模型是暴露公共属性和命令的视图抽象。MVVM 模式没有 MVC 模式的控制器，也没有 MVP 模式的 Presenter，有的是一个绑定器。在视图模型中，绑定器在视图和数据绑定器之间进行通信。

在 Microsoft 解决方案中，绑定器是一种名为 XAML 的标记语言。绑定器使开发者免于被迫编写样板式逻辑来同步视图模型和视图。声明性数据和命令绑定隐含在 MVVM 模式中，声明性数据绑定技术的出现是实现该模式的一个关键因素。

1.4 Vue.js 与其他框架比较

Vue.js 是一款友好的、多用途且高性能的 JavaScript 框架，它能够创建可维护性和可测试性更强的代码库。Vue.js 允许将一个网页分割成可复用的组件，每个组件都包含属于自己的 HTML、CSS、JavaScript，以用来渲染网页中相应的地方。下面将介绍 Vue.js 与其他两个流行框架 Angular 及 React 的比较。

1.4.1 Vue.js 与 Angular 的比较

Vue.js 可以说是开源的 JavaScript 框架，可以帮助开发者构建出美观的 Web 界面。当和其他开发工具配合使用时，Vue.js 的优势会大大加强。如今，已有许多开发者使用 Vue.js 进行开发。那么 Vue.js 和 Angular 有什么区别呢？下面我们会对这两种框架进行介绍和深度对比。

1. Vue.js 框架

Vue.js 前端框架是由 Google 公司时任员工 Evan You 开发的，于 2014 年发布。许多开发者都大力推荐并使用 Vue.js 进行开发，因为 Vue.js 比较容易学习和应用。如果拥有深厚的 HTML、CSS 和 JavaScript 基础，那么学习 Vue.js 只需几个小时。Vue.js 对于开发者最有吸引力的地方就是它新颖、轻便，且复杂性比较低。Vue.js 不但非常灵活、简单，而且功能非常强大，同时还提供了双向数据绑定功能，就像 Angular 和 React 的虚拟 DOM 功能一样。Vue.js 可以帮助开发者以任何想要的方式来构建应用程序，而 Angular 做不到这一点。Vue.js 是一个多样化的 JavaScript 框架。作为一个跨平台、高度进步的框架，Vue.js 成了许多需要创建单页应用程序开发者的首选。在开发 Web 应用程序的典型 MVC 体系结构中，Vue.js 充当了 View，意味着可以让开发者看到数据的显示部分。

下面总结 Vue.js 的其他优势功能。

（1）容易使用。如果开发者已掌握其他前端框架的一些知识，那么学习 Vue.js 相对较为简单，因为 Vue.js 的核心库专注于 View 层，可以轻松地将其与第三方库进行整合并与现有项目一起使用。

（2）学习曲线很低。熟悉 HTML 的开发者会发现 Vue.js 的学习曲线很低，同时对于经验较少的开发者和初学者来说，也能够快速地学习和理解 Vue.js。

（3）轻便。由于 Vue.js 主要关注 ViewModel 或双向数据绑定，因此 Vue.js 很轻便。此外，Vue.js 提供了简单、易懂的学习文档。将 Vue.js 用作 View 层，意味着开发者可以将它用作页面中的亮点功能。比起全面的 SPA，Vue.js 为开发者提供了更好的选择。

（4）虚拟 DOM。由于 Vue.js 是基于 Snabbdom 库的轻量级虚拟 DOM 实现，因此 Vue.js 的性能有些许提升。开发者可以直接进行更新，这是虚拟 DOM 的主要新功能之一。当需要在实际的 DOM 中进行更改时，只需执行一次这样的更新功能。

（5）基于 HTML 模板的语法。Vue.js 允许开发者直接将渲染的 DOM 绑定到底层的 Vue.js 实例数据上。在开发中，这是一个很有用的功能，因为它可以让开发者扩展基本的 HTML 元素，来保存可复用的代码。

（6）双向绑定。Vue.js 提供了 v-model 指令（用于更新用户输入事件的数据），使在表单中输入和结构元素上实现双向绑定变得比较简单。它可以选择正确的方式来更新与输入类型相关的元素。

2. Angular 动态框架

Angular 是一个功能齐全的框架，支持 Model View Controller 的编程结构，非常适合构建动态的单页网络应用程序。谷歌公司在 2009 年开发出了 Angular 并对其提供支持，Angular 包含一个基于标准 JavaScript 和 HTML 的 JS 代码库。Angular 开发的最初目的是作为一款工具，使设计者能够与后端和前端进行交互。

以下是 Angular 的优势功能。

（1）实现 Model View ViewModel（MVVM）模式。为了构建客户端 Web 应用程序，Angular 将原始 MVC 软件设计模式的基本原理结合在一起。然而，Angular 并没有实现传统意义上的 MVC 模式，而是实现了 MVVM 模式。

（2）依赖注入。Angular 带有内置的依赖注入子系统的功能，这使得应用程序易于被开发和测试。依赖注入允许开发者通过请求来获得依赖关系，而不是搜索依赖关系。

（3）测试。在 Angular 中，可以单独对控制器和指令进行单元测试。Angular 允许开发者进行端到端和单元测试运行器设置，这意味着可以从用户角度进行测试，提高用户体验。

（4）指令。Angular 的指令（用于渲染指令的 DOM 模板）可用于创建自定义的 HTML 标记。这些是 DOM 元素上的标记，因为开发者可以扩展指令词汇表并制作自己的指令，或将它们转换为可重用组件。

（5）跨浏览器兼容。Angular 的一个有趣功能是，框架中编写的应用程序在多个浏览器都能运行良好。Angular 可以自动处理每个浏览器所需的代码。

（6）Deep Linking。由于 Angular 主要用于制作单页应用程序，因此必须利用 Deep Linking 功能才能在同一页面上加载子模板。Deep Linking 是为了查看位置 URL 并安排它映射到页面的当前状态。Deep Linking 功能通过查看页面状态并将用户带到特定内容，而不是从主页中遍历应用程序来设置 URL。Deep Linking 允许所有主要搜索引擎可以轻松地搜索网络应用程序。

3. Vue.js 与 Angular 的关系和区别

作为开发者，到底使用 Vue.js 和 Angular 哪一个比较好呢？下面将深度探讨它们之间的关系和区别。

（1）学习曲线。在学习曲线方面，Vue.js 学习和理解起来相对简单，而 Angular 则需要较长时间去学习和了解。虽然开发者认为这两个框架对于项目来说使用效果都比较好，但开发者中的大多数人更喜欢使用 Vue.js。因为将 Vuex 添加到项目中时，Vue.js 会更加简单，并且可以很好地扩展。尽管 Vue.js 和 Angular 有一些语法类似，例如 API 和设计（因为 Vue.js 实际上是从 Angular 的早期开发阶段中获得启发的），但 Vue.js 一直致力于在一些对 Angular 来说很困难的方面提升自己。开发者可以在几个小时内用 Vue.js 构建一个特别的应用程序，但是这对 Angular 来说则比较困难。

（2）文档对象模型（DOM）。Vue.js 通过少量的组件重新渲染，可以将模板预编译为纯 JavaScript。这个虚拟 DOM 允许进行大量的优化，这是 Vue.js 和 Angular 之间的主要区别。Vue.js 允许使用更简单的编程模型，而 Angular 则以跨浏览器兼容的方式操作 DOM。

（3）灵活性。Angular 是独立的，这意味着应用程序应该有一定的构造方式。Vue.js 则更加宽泛，它为创建应用程序提供了模块化、灵活的解决方案。很多时候，Vue.js 被认为是一个库，而不是框架。默认情况下，Vue.js 不包含路由器、HTTP 请求服务等。开发者必须安装所需的"插件"。Vue.js 非常灵活，可以与大多数开发者想要使用的库兼容。当然，也有开发者更喜欢使用 Angular 进行开发，因为 Angular 为其应用程序的整体结构提供了支持，这有助于节省编码时间。

（4）速度/性能。虽然 Angular 和 Vue.js 都提供了很好的性能，但由于 Vue.js 的虚拟 DOM 实现的重量较轻，所以可以说 Vue.js 的速度/性能略微领先。更简单的编程模型使 Vue.js 能够提供更好的性能。Vue.js 可以在没有构建系统的情况下使用，因为开发者可以将其包含在 HTML 文件中。这使得 Vue.js 易于使用，从而提高了性能。Angular 可能会很慢的原因是它使用脏数据检查，这意味着 Angular Monitor 会持续查看变量是否有变化。

（5）双向数据绑定。这两个框架均支持双向数据绑定，但与 Vue.js 相比，Angular 的双向绑定更加复杂。Vue.js 中的双向数据绑定非常简单，而在 Angular 中数据绑定更加简单。

4. Vue.js 与 Angular 的应用场景

1）何时选择使用 Vue.js 前端框架

（1）如果开发的时候希望以最简单的方式来制作 Web 应用程序，那么应该选择 Vue.js。如果对 JavaScript 的知识基础掌握不太好，或者有严格的开发截止日期，短时间内不能完成，Vue.js 将是一个很好的选择。

（2）如果使用的前端是 Laravel，那么可以选择使用 Vue.js 进行开发。Laravel 社区的开发者认为，Vue.js 是比较适用的框架，使用 Vue.js 会将总处理时间缩短 50％ 左右，并释放服务器上的空间。

（3）如果是开发小规模应用系统或者开发时不喜欢受到开发的约束，请选择 Vue.js。

（4）如果开发者很熟悉使用 ES 5 JavaScript 和 HTML，那么可以完全使用 Vue.js 完成开发项目。

（5）如果想要在浏览器中编译模板且使用其简单性，使用独立版本的 Vue.js 会比较好。

（6）如果打算构建性能关键型 SPA 或需要功能范围的 CSS，使用 Vue.js 开发的单文件组件会非常完美。

2）何时选择使用 Angular 前端框架

（1）如果需要构建大型复杂的应用程序，那么应该选择 Angular，因为 Angular 为客户端应用程序开发提供了一个完整而全面的解决方案。

（2）对于希望处理客户端和服务器端模式的开发者来说，Angular 是一个不错的选择。开发者喜欢 Angular 的主要原因是，它能够使他们专注于任何类型的设计（无论是 jQuery 调用还是 DOM 配置干扰）。

（3）对于创建具有多个组件和复杂需求的 Web 应用程序来说，Angular 也同样适用。当选择 Angular 时，本地开发者会更容易理解应用程序功能和编码结构。

（4）如果想在新项目中选择现有组件，也可以选择 Angular，因为只需复制和粘贴代码即可。

（5）Angular 可以使用双向数据绑定功能来管理 DOM 和模型之间的同步。这使得 Angular 成了 Web 应用程序开发的强有力工具。对于希望制作更轻更快 Web 应用程序的开发者来说，可以选择使用 Angular 中的 MVC 结构和独立的逻辑及数据组件，这有助于加速开发过程。

5. Vue.js 和 Angular 的代码比较

分析 Vue.js 和 Angular 的代码、包含标记、样式和行为的代码可以帮助开发者构建高效且可重用的接口。在 Angular 中，控制器和指令等实体包含在模块中，而在 Vue.js 中的模块中包含组件逻辑。

Vue.js 组件，代码如下：

```
Vue.extend({
    data: function(){ return{…} },
    created: function(){…},
```

```
    ready: function(){…},
    components:{…},
    methods:{…},
    watch:{…}
});
```

Angular 模块，代码如下：

```
angular.module('myModule', [ … ]);
```

相比 Vue.js，Angular 中的 directive 更加强大。
Vue.js 指令，代码如下：

```
Vue.directive('my-directive', {
   bind: function(){…},
   update: function(newValue, oldValue){…},
   unbind: function(){…}
});
```

Angular 指令，代码如下：

```
myModule.directive('directiveName', function(injectables){
    return {
       restrict: 'A',
       template: '<div></div>',
       controller: function(){ … },
         compile: function(){…},
         link: function(){…}
    };
});
```

由于 Vue.js 受到 Angular 的启发借用了其模板语法，因此这两个框架的循环、插值和条件的语法都非常相似。例如，下面给出的代码片段。

```
//Vue 插值
{{myVariable}}
//Angular 插值
{{myVariable}}
//Vue 循环
<li v-repeat="items" class="item-{{$index}}">
{{myProperty}}</li>
//Angular 循环
<li ng-repeat="item in items" class="item-{{$index}}">
{{item.myProperty}}</li>
//Vue 条件
<div v-if="myVar"></div>
<div v-show="myVar"></div>
//Angular 条件
<div ng-if="myVar"></div>
<div ng-show="myVar"></div>
```

Vue.js 的编码使页面渲染变得非常简单。事实上，Vue.js 更像是一个库，而不是框架，因为它不提供 Angular 的所有功能。开发者不得不使用 Vue.js 的第三方代码，而 Angular 提供了 HTTP 请求服务或路由器等功能。

总之，Vue.js 是轻量级的开发框架，很适合开发小规模的 Web 应用程序；而 Angular 尽管学习曲线较为陡峭，但却是构建完整复杂应用程序的好工具。

1.4.2 Vue.js 与 React 的比较

Vue.js 和 React 两个 JavaScript 框架都是当下比较受欢迎的。两者之间的区别主要有哪些？各自的优缺点是什么呢？下面将针对这两个问题进行介绍。

1. Vue.js 与 React 相比的优势

（1）使用虚拟 DOM。

（2）提供了响应式和组件化的视图组件。

（3）关注核心库，有配套的路由和负责处理全局状态管理的库。

2. Vue.js 与 React 的区别

1）在性能方面 Vue.js 与 React 的区别

（1）渲染性能。渲染用户界面的时候，DOM 的操作成本是最高的。那为了尽可能地减少对 DOM 的操作，Vue.js 和 React 都利用虚拟 DOM 来实现这一点，但 Vue.js 的虚拟 DOM 实现的权重要轻得多，因此比 React 的引入开销更少。Vue.js 和 React 也提供功能性组件，这些组件由于都是没有声明、没有实例化的，因此会花费更少的开销。当这些都用于关键性能的场景时，Vue.js 将会更快。

（2）开发中性能。在开发中，Vue.js 每秒最高处理 10 帧，而 React 每秒最高处理不到 1 帧。这是由于 React 有大量的检查机制，这会让它提供许多有用的警报和错误提示信息。Vue.js 在实现这些检查时，也更加密切地关注了性能方面。

（3）更新性能。在 React 中，当一个组件的状态发生变化时，它将会引起整个组件的子树都进行重新渲染，从这个组件的根部开始。为了避免子组件不必要的重新渲染，需要随时使用 shouldComponentUpdate，并使用不可变的数据结构。在 Vue.js 中，组件的依赖关系在渲染期间被自动跟踪，因此系统能够准确地知道哪些组件实际上需要重新渲染。这就意味着在更新方面，Vue.js 也是快于 React 的。

2）在 HTML 及 CSS 方面 Vue.js 与 React 的区别

在 React 中，HTML 和 CSS 都是通过 JavaScript 编写的，所有组件的渲染都需要依靠 JSX。JSX 是使用 XML 语法编写 JavaScript 的一种语法。

JSX 的渲染功能有以下优势。

（1）可以使用完整的编程语言 JavaScript 来实现视图界面。

（2）工具对 JSX 的支持相比于现有可用的其他 Vue.js 模板还是比较先进的（例如，代码校验（Linting）、类型检查、编辑器的自动完成等）。

在 Vue.js 中，有时需要用这些功能，当然也提供了渲染功能且支持 JSX。然而，对于大多数组件来说，是不推荐使用渲染功能的。

Vue.js 提供的是在 HTML 中编写模板，其优点如下。

（1）在编写模板的过程中，样式风格已定，并涉及更少的功能实现。

（2）模板总是会被声明的。

（3）模板中任何 HTML 语法都是有效的。

CSS 的组件作用域：需要将组件分布在多个文件上（例如 CSS Modules），否则在 React 中作用域内的 CSS 就会产生警报。非常简单的 CSS 还可以工作，但是稍微复杂点的（例如悬停状态、媒体查询、伪类选择符等）或者通过复杂的依赖来重做，或者直接不能使用。而 Vue.js 可以在每个单文件组件中完全访问 CSS，代码如下。

```
<style scoped>
```

```css
    @media(min-width: 250px){
        .list-container:hover {
        background: orange;
    }
}
</style>
```

上述代码中的可选 scoped 属性会自动添加一个唯一的属性（例如 data-v-time）为组件内 CSS 所指定的作用域，在执行编译时.list-container:hover 会被程序编译成类似.list-container[data-v-time]:hover 的形式。

3）在扩展方面 Vue.js 与 React 的区别

（1）向上扩展。

① Vue.js 的路由库和状态管理库都是由官方维护支持且与核心库同步更新的。React 则是选择将路由库和状态管理库这些问题交给社区维护，因此创建了一个更分散的生态系统。但 React 的生态系统相比 Vue.js 更加多样化。

② Vue.js 提供了 Vue-cli 脚手架，能让开发者非常容易地构建项目，包含了 Webpack、Browserify，甚至 No Build System。React 在这方面提供了 create-react-app，但可能还存在一些局限性。

- 不允许在项目生成时进行任何配置，而 Vue.js 支持 Yeoman-like 定制。
- 只提供一个构建单页面应用的单一模板，而 Vue.js 提供了各种用途的模板。
- 不能以用户自建的模板构建项目，而自建模板对企业环境下预先建立协议是特别有用的。

（2）向下扩展。

学习 React 需要了解 JSX 和 ES 2015。而 Vue.js 使用相对比较简单，只需要引用以下语句就可以使用了，开发环境时将其替换成 min 版的即可。

```html
<script src="https://unpkg.com/vue/dist/vue.js"></script>
```

1.5　Vue.js 的兼容性

在开发项目的过程中，前端人员可能会经常遇到不同浏览器之间的不兼容问题或者项目之间的不兼容问题，这类问题往往需要使用插件来进行解决。

下面介绍 Vue.js 项目的兼容性及项目部署情况。

1. 处理兼容性问题的相关插件

（1）解决部分低版本安卓浏览器不支持 Promise（ES 6 新特性）的问题（还出现白屏情况的打包编译即可解决）。安装 babel-polyfill 依赖包（执行 npm install babel-polyfill--save 命令），在 Vue 项目的 main.js 中编写 import 'babel-polyfill'引用即可。

执行命令如下：

```
/*
*npm install babel-polyfill--save，解决部分低版本浏览器不兼容 Promise 的问题，或者会导致白屏问题
**/
import 'babel-polyfill'
```

（2）解决移动端某些版本浏览器单击事件延时触发的问题。安装 fastclick 依赖包（执行 npm install fastclick--save-dev 命令），在 Vue 项目的 main.js 中将 fastclick 绑定到 body 即可。

执行命令如下：

```
/*
*npm install fastclick --save-dev, 安装 fastclick 依赖包，避免移动端某些浏览器 click 事件有延时触发的情况
**/
import fastClick from 'fastclick'
fastClick.attach(document.body)
```

2. 项目的部属与配置

（1）路径别名配置（build/webpack.base.conf.js 文件）。代码如下：

```
resolve:{
  extensionsL['.js','.vue','.json']
  alias:{
  'vue$' : 'vue/dist/vue.esmjs',
  /*可以任意配置目录别名*/
  '@':resolve(dir:'src'),
  'styles':resolve(dir:'XXX'),
  'common':resolve(dir:'XXX')
  }
}
```

（2）webpack 提供的代理配置。代码如下：

```
module.exports = {
  dev : {
    //路径 Path
    assetsSubDirectory : 'static',
    assetsPublicPath : '/',
    /**
    * 代理配置路径是 webpack 提供的功能
    */
    proxyTable : {
      /**
      * 配置需要代理的 URl,
      * /api : URl 的别名
      * target : 需要代理的 URl
      * 配置需要匹配的 URl
      * pathRewrite : {
      * 匹配有域名的地址/api 开头的请求，
      * 然后将请求地址跳转到 static 目录, '/api' : '/static'
      * }
      * 其他配置项：
      * secure: false              //如果是 https 接口，需要进行配置
      * changeOrigin:true          //如果接口跨域，需要进行配置
      */
      '/api' : {
        target : 'http:              //localhost:8080',
        /* 这个属于可选参数，真正部署后可以不进行配置 */
        pathRewrite :{
        '/api' : '/static'
        }
      }
    }
  }
}
```

（3）ESLint 代码规范检测（build/webpack.base.conf.js 文件，不会对注释代码进行检测）。代码如下：

```
/* 代码规范检测 */
const createLintingRule =() =>({
  test : /\.(js|vue)$/,
  loader : 'eslint-loader',
  enforce : [resolve(dir : 'src'),resolve(dir : 'test')],
  options : {
      formatter : require('eslint-friendly-formatter'),
      emitWarning : !config.dev.showEslintErrorsInOverlay
  }
})
```

提示：在 WebStrom 中可以安装 ESLint 插件进行快捷代码格式化。

3. Vue 兼容问题

（1）使用 KingEditor，在 IE 浏览器下提示"对象不支持 moveToElementText 属性或方法"。

原来的代码如下：

```
if(_IE){
  var rng = cmd.range.get(true);
  rng.moveToElementText(div[0]);
  rng.select();
  rng.execCommand('paste');
  e.preventDefault();
}
```

修改的代码如下：

```
if(_IE){
  var rng = cmd.range.get(true);
  try {
     rng.moveToElementText(div[0]);
     rng.select();
     rng.execCommand('paste');
     e.preventDefault();
   }
  catch(e){ }
}
```

提示：在压缩 KingEditor.js 后替换 KingEditor-min.js 即可。

（2）Vue.js 组件的长字符串拼接问题。在 IE 中不兼容长字符串拼接，因此需要使用字符串拼接。

（3）axios.js 的 post 请求问题。

在 Chrome 浏览器下，代码如下：

```
var newParams = new URLSearchParams();
newParams.append('type',vm.typeNum);
newParams.append('num','20');
newParams.append('curpage',vm.cur);
axios.post(url,newParams)
.then(function(res){
})
.catch(function(){…});
```

在 IE 浏览器下，代码如下：

```
axios({
  method: 'post',
  url: '/f/api/list/news',
```

```
    data: {
      type: vm.typeNum,
      num: 4,
      curpage: vm.cur
    },
    transformRequest: [function(data){
      var ret = ''
      for(var it in data){
        ret += encodeURIComponent(it) + '=' + encodeURIComponent(data[it]) + '&'
      }
      return ret
    }],
    headers: {
      'Content-Type': 'application/x-www-form-urlencoded'
    }
}).then(function(response){
    vm.articel_list = response.data.informations;
    vm.all = Math.ceil(response.data.totalnum/4);
    },function(responese){
    console.log(responese);
    })
```

（4）在 IE 浏览器下提示 Promise 未定义的问题。如果遇到 Promise 未定义的问题需要引入 polyfill.js 文件，即下载 polyfill.js 文件，并引入项目中。

1.6 就业面试技巧与解析

学完本章内容，会对 Vue.js 有一个基本了解，如 Vue.js 的基本介绍、Vue.js 的开发模式、与其他框架的比较及 Vue.js 的兼容性等。下面会对面试过程中出现的问题进行解析，更好地帮助读者学习。

1.6.1 面试技巧与解析（一）

面试官：简单介绍 Vue.js 是什么？
应聘者：
Vue.js 是一款用于构建用户界面的渐进式框架。渐进式框架是 Vue.js 相比于 Angular 较为受开发者喜欢的原因之一。这意味着，Vue.js 是一个无论项目大小都可以满足开发需求的框架。

通俗地讲，Vue.js 就是一间已经搭建好的"空屋"。与单纯使用 jQuery 这种库相比，Vue.js 可以更好地实现代码复用、减少工作量。

1.6.2 面试技巧与解析（二）

面试官：在 Vue.js 中怎么理解 MVVM 模式？
应聘者：
MVVM 是 Model View ViewModel 的缩写。其中 Model、View、ViewModel 的作用分别如下。
（1）Model 代表数据模型，可以在 Model 中定义数据修改和操作的业务逻辑。
（2）View 代表 UI 组件，负责将数据模型转换成 UI 展现出来。

（3）ViewModel 监听模型数据的改变和控制视图行为、处理用户交互，简单理解就是一个同步 View 和 Model 的对象，连接 Model 和 View。在 MVVM 架构下，View 和 Model 之间并没有直接的联系，而是通过 ViewModel 进行交互。Model 和 ViewModel 之间的交互是双向的，因此 View 数据的变化会同步到 Model 中，而 Model 数据的变化也会立即反映到 View 上。ViewModel 通过双向数据绑定把 View 层和 Model 层连接了起来，而 View 和 Model 之间的同步工作完全是自动的，无须人为干涉，因此开发者只需关注业务逻辑，不需要手动操作 DOM、不需要关注数据状态的同步问题，复杂的数据状态维护完全由 MVVM 统一管理。

第 2 章
创建 Vue.js 简单实例

本章概述

本章主要讲解 Vue.js 的安装编辑软件知识、下载 Vue.js 脚本文件、创建 Vue.js 实例的基础知识及创建简单的 Vue.js 项目等。了解简单的 Vue.js 属性和语法,可以让读者对 Vue.js 具有深刻的了解,为后面更加深入地学习做铺垫。通过本章内容的学习,读者可以了解 Vue.js 编辑器、下载和引入 Vue.js 脚本文件、开发简单的 Vue 实例及实例的生命周期等。

本章要点

- Vue Devtools 的安装。
- 编辑器 HBuilder 的安装。
- 下载 Vue.js 脚本文件。
- 创建 Vue.js 实例。
- 实例的生命周期。

2.1 安装 Vue Devtools

在使用 Vue 前端框架前,推荐在浏览器(如 Google Chrome)上安装 Vue Devtools。它可以让开发者在一个友好的界面中审查和调试 Vue 应用程序。如果能访问国外网站的读者,可以直接访问 Google Web Store,在搜索栏中搜索 vuejs-devtools 进行安装。如果不能访问国外网站的读者,可以进行手动下载 Vue Devtools 并安装。具体操作步骤如下。

(1) 在 github 上下载 Vue Devtools 压缩包,如图 2-1 所示。
(2) 下载完成后进入 vue-devtools(见图 2-2),执行以下命令,安装构建工具所需要的依赖。

```
cnpm install
npm run build
```

图 2-1 下载 Vue Devtools

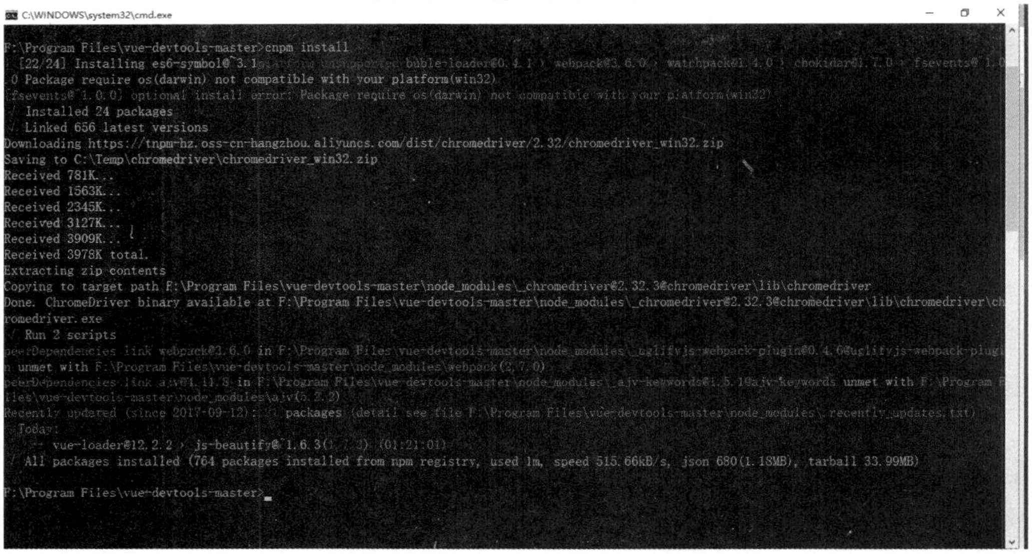

图 2-2 执行 cnpm install 等命令

（3）安装成功后，打开 Google Chrome 的扩展程序菜单，如图 2-3 所示。

图 2-3 Google Chrome 的扩展程序菜单

（4）打开 Google Chrome 的扩展程序后，单击右上角的"开发者模式"，并单击"加载已解压的扩展程序"，选择 shells 下的 chrome 文件夹进行安装，如图 2-4 所示。

（5）再次打开 Vue 项目时，就可以在 Chrome 调试工具中通过 Vue Devtools 查看组件的状态，如图 2-5 所示。

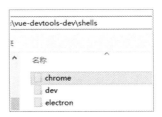

图 2-4　安装 Vue Devtools

图 2-5　使用 Vue Devtools 查看组件的状态

2.2　下载、安装编辑器 HBuilder X 及引入 Vue.js 文件

前期为了更好理解 Vue 每个组件的含义，可以先使用 HBuilder X 编辑器来编写 Vue 代码应用程序。HBuilder X 是 DCloud（数字天堂）推出的一款支持 HTML 5 的 Web 开发 IDE。HBuilder X 的编写用到了 Java、C、Web 和 Ruby，主体是用 Java 编写而成的。它基于 Eclipse，所以顺其自然地兼容了 Eclipse 的插件。

2.2.1　安装编辑器 HBuilder X

HBuilder X 是一款编辑器，"快"是其最大优势，通过完整的语法提示和代码输入法、代码块等大幅提升 HTML、JS、CSS 的开发效率。下面介绍 HBuilder X 编辑器的安装操作步骤。

（1）访问 HBuilder X 的官网，单击首页中显示的 HBuilder X 按钮后，单击 DOWNLOAD 按钮，如图 2-6 所示。

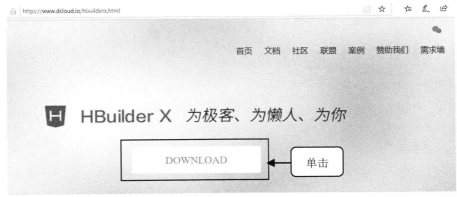

图 2-6　下载 HBuilder X

（2）下载完成后，对其进行解压；双击后，按照步骤依次进行操作。安装成功后，在 HBuilder X 中可以通过执行相应命令并编写 Vue 代码来实现新建项目，如图 2-7 所示。

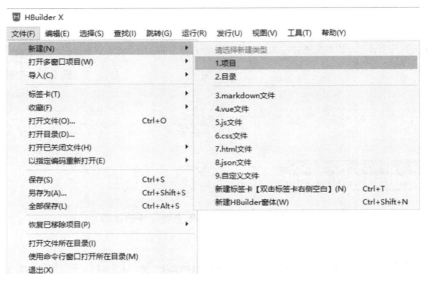

图 2-7　安装 HBuilder X 后新建项目

2.2.2　下载 Vue.js 文件

在开发项目时会使用到 JS 脚本文件，下面介绍如何下载自己所需要的 JS 文件。
（1）打开 Vue.js 的官网，在该网中可以下载 Vue.js 的开发版本和生产版本，如图 2-8 所示。
（2）选择自己所需要的脚本文件，进行下载，如图 2-9 所示。

图 2-8　选择需要的版本　　　　　　　　　　　图 2-9　下载 Vue.js 脚本

2.2.3　在项目中引入 Vue.js 文件

下载 Vue.js 脚本文件后，可以将其引入 Vue 项目中。在 Vue 中引入脚本文件，可以节省很多手写脚本代码的时间。通过<script></script>标签引入，此时 Vue 会被注册为全局变量。

引入的代码如下：

```
<script src="vue.js" type="text/javascript" charset="UTF-8"></script>
```

在使用 Vue 构建一些大型应用程序时，推荐使用 npm 进行安装。npm 能很好地与 Webpack 或 Browserify 模块打包器配合使用。同时，Vue 还提供配套工具来开发单文件组件。

由于 npm 的仓库源在国外，资源传输速率可能比较慢且可能会受到限制，因此在这里不建议直接使用

npm 安装其他依赖，而是推荐使用淘宝镜像源的 cnpm。

（1）安装 cnpm，执行命令如下：

```
npm install -g cnpm --registry=https://registry.npm.taobao.org
```

（2）安装 cnpm 后，使用 cnpm 安装 Vue.js，执行命令如下：

```
cnpm install vue
```

（3）引入 Vue 模板，执行命令如下：

```
import Vue from 'vue'
```

2.3　创建一个 Vue 实例

使用 HBuilder X 编辑器可以创建 Vue 项目，还可以创建 Vue 实例。HBuilder X 支持各种表达式语法，以及 Script 和 Style 支持的其他语言（如 Less、CSS、TypeScript 等），无须安装插件。下面介绍创建简单 Vue 实例的具体操作步骤。

（1）打开 HBuilder X 编辑器，单击左上角的"文件"按钮，在弹出的菜单中选择"新建"命令，在右侧弹出的子菜单中选择"4.vue 文件"，如图 2-10 所示。

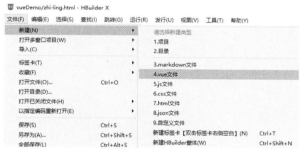

图 2-10　选择新建 vue 文件的命令

（2）选择 vue 文件后，会出现一个弹出框，在弹出框中第一行输入项目名称，在第二行输入保存文件的路径，如图 2-11 所示。输入完成后，单击"创建"按钮即可。

图 2-11　"新建 vue 文件"弹出框

（3）右击新建的 vueDemo 项目，在弹出的快捷菜单中选择"新建"→"html"文件，并在出现的弹出框中输入文件名、文件保存路径等，如图 2-12 所示。

图 2-12 "新建 html 文件"弹出框

（4）创建 index.html 文件后，开始编写代码。代码如下：

```html
<!DOCTYPE html>
<html>
  <head>
    <meta charset="utf-8">
    <title>Hello Vue</title>
    <script src="vue.js" type="text/javascript" charset="UTF-8"></script>
  </head>
  <body>
    <div id="demo">
        {{message}}
    </div>
    <script type="text/javascript">
        var demo = new Vue({
            el: '#demo',
            data: {
                message: 'Hello Vue!!!'
            }
        });
    </script>
  </body>
</html>
```

代码编写完成后，单击 HBuilder X 编辑器中 index.html 页面右上角的"预览"按钮，则会在右侧"Web 浏览器"窗格中输出"Hello Vue!!!"，如图 2-13 所示。

至此，已经成功创建了第一个 Vue 应用程序，看起来与渲染一个字符串模板非常类似，Vue 在背后做了大量工作。现在数据和 DOM 已经被建立了关联，所有部分都是响应式的。如果修改 demo 变量中 message 的值，相应的值也会在右侧预览框中进行更新。

图 2-13　程序运行结果

2.4　实例的生命周期

本节将介绍 Vue 实例从创建、运行到销毁的整个过程。在 Vue 实例的创建、运行、销毁期间，总是伴随着各种各样的事件，这些事件统称为"生命周期"。下面通过案例对生命周期进行详解。

Vue 实例的生命周期代码如下：

```
<!DOCTYPE html>
<html>
 <head>
 <title></title>
 </head>
<body>
 <script src="https://cdn.bootcss.com/vue/2.6.10/vue.min.js"></script>
 <div id="app" @click="change">
    <p>{{message}}</p>
 </div>
 <script type="text/javascript">
 var vm = new Vue({
  el: '#app',
  data: {
  message: 'Hello World!!!'
  },
  beforeCreate(){
   console.group('beforeCreate 创建前状态');
   console.log("%c%s", "color:red", "el     : "+this.$el);         //undefined
   console.log("%c%s", "color:red", "data   : "+this.$data);       //undefined
   console.log("%c%s", "color:red", "message: "+this.message);     //undefined
  },
  created(){
   console.group('created 创建完毕状态');
   console.log("%c%s", "color:red", "el     : "+this.$el);         //undefined
```

```js
      console.log("%c%s", "color:red", "data    : "+this.$data);   //[object Object]
      console.log("%c%s", "color:red", "message : "+this.message); //值为Hello World!!!
    },
    beforeMount(){
      console.group('beforeMount 挂载前状态');
      console.log("%c%s", "color:red", "el      : "+this.$el);     //[object HTMLDivElement]
      console.log(this.$el);
      console.log("%c%s", "color:red", "data    : "+this.$data);   //[object Object]
      console.log("%c%s", "color:red", "message : "+this.message); //值为Hello World!!!
    },
    mounted(){
      console.group('mounted 挂载结束状态');
      console.log("%c%s", "color:red", "el      : "+this.$el);     //[object HTMLDivElement]
      console.log(this.$el);
      console.log("%c%s", "color:red", "data    : "+this.$data);   //[object Object]
      console.log("%c%s", "color:red", "message : "+this.message); //值为Hello World!!!
    },
    beforeUpdate(){
      console.group('beforeUpdate 更新前状态');
      console.log("%c%s", "color:red", "el      : "+this.$el);     //[object HTMLDivElement]
      console.log(this.$el);
      console.log(this.$el.innerHTML);
      console.log("%c%s", "color:red", "data    : "+this.$data);   //[object Object]
      console.log("%c%s", "color:red", "message : "+this.message); //值为Hello Vue!!!
    },
    updated(){
      console.group('updated 更新完成状态');
      console.log("%c%s", "color:red", "el      : "+this.$el);     //[object HTMLDivElement]
      console.log(this.$el);
      console.log(this.$el.innerHTML);
      console.log("%c%s", "color:red", "data    : "+this.$data);   //[object Object]
      console.log("%c%s", "color:red", "message : "+this.message); //值为Hello Vue!!!
    },
    beforeDestroy(){
      console.group('beforeDestroy 销毁前状态');
      console.log("%c%s", "color:red", "el      : "+this.$el);     //[object HTMLDivElement]
      console.log(this.$el);
      console.log("%c%s", "color:red", "data    : "+this.$data);   //[object Object]
      console.log("%c%s", "color:red", "message : "+this.message); //值为Hello Vue!!!
    },
    destroyed(){
      console.group('destroyed 销毁完成状态');
      console.log("%c%s", "color:red", "el      : "+this.$el);     //[object HTMLDivElement]
      console.log(this.$el);
      console.log("%c%s", "color:red", "data    : "+this.$data);   //[object Object]
      console.log("%c%s", "color:red", "message : "+this.message); //值为Hello Vue!!!
    },
    methods: {
      change(){
        this.message = "Hello Vue!!!";
        console.group("点击事件执行的方法");
        console.log("%c%s", "color:red", "el      : "+this.$el);     //[object HTMLDivElement]
        console.log(this.$el);
        console.log("%c%s", "color:red", "data    : "+this.$data);   //[object Object]
```

```
        console.log("%c%s", "color:red", "message : "+this.message);     //值为Hello Vue!!!
      }
    }
  })
  </script>
</body>
</html>
```

1. beforeCreate()

beforeCreate()在实例初始化后,数据观测(data observer)和event/watcher事件配置前被调用。

提示:这个时候this还不能使用,data中的数据、methods中的方法,以及watcher中的事件都不能获得,值为undefined。

代码如下:

```
var vm = new Vue({
  el: '#app',
  data: {
    message: 'Hello World!!!'
  },
  beforeCreate(){
    console.group('beforeCreate 创建前状态');
    console.log("%c%s", "color:red", "el      : "+this.$el);        //undefined
    console.log("%c%s", "color:red", "data    : "+this.$data);      //undefined
    console.log("%c%s", "color:red", "message : "+this.message);    //undefined
  },
```

运行的结果如图 2-14 所示。

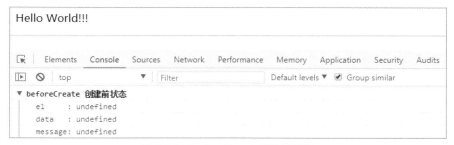

图 2-14　beforeCreate()运行结果

2. created()

created()在实例已经创建完成后被调用。在这一步,实例已完成以下配置:数据观测(data observer)、属性和方法的运算及watch/event事件回调。挂载阶段还没开始的$el属性为不可见,值为undefined。

提示:这个时候可以操作Vue中的数据和方法,但是还不能对DOM节点进行操作。

```
created(){
  console.group('created 创建完毕状态');
  console.log("%c%s", "color:red", "el      : "+this.$el);         //undefined
  console.log("%c%s", "color:red", "data    : "+this.$data);       //[object Object]
  console.log("%c%s", "color:red", "message : "+this.message);     //值为Hello World!!!
},
```

运行的结果图如图 2-15 所示。

图 2-15　created()运行结果

3. beforeMount()

beforeMount()在挂载开始前被调用，相关的 render 函数首次被调用。

提示：这个时候，$el 属性已存在，是虚拟 DOM，只是数据未挂载到模板中。

```
beforeMount(){
    console.group('beforeMount 挂载前状态');
    console.log("%c%s", "color:red", "el     : "+this.$el);      //[object HTMLDivElement]
    console.log(this.$el);
    console.log("%c%s", "color:red", "data   : "+this.$data);    //[object Object]
    console.log("%c%s", "color:red", "message : "+this.message); //值为 Hello World!!!
},
```

运行的结果如图 2-16 所示。

图 2-16　beforeMount()运行结果

4. mounted()

el 被新创建的 vm.$el 替换，并挂载到实例上后调用该钩子函数。如果 root 实例挂载了一个文档内元素，当 mounted()被调用时 vm.$el 也在文档内。mounted()不会承诺所有的子组件都一起被挂载。如果想要整个视图都渲染完毕，可以使用 vm.$nextTick 替换 mounted()。

提示：挂载完毕，这时 DOM 节点被渲染到文档内，DOM 操作在此时能正常进行。

```
mounted(){
    console.group('mounted 挂载结束状态');
    console.log("%c%s", "color:red", "el     : "+this.$el);      //[object HTMLDivElement]
    console.log(this.$el);
    console.log("%c%s", "color:red", "data   : "+this.$data);    //[object Object]
```

```
    console.log("%c%s", "color:red", "message : "+this.message);        //值为Hello World!!!
},
```

运行的结果如图 2-17 所示。

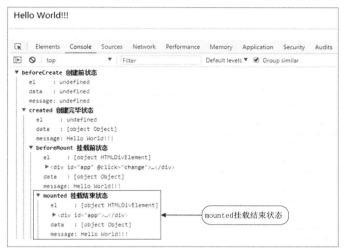

图 2-17　mounted()运行结果

5. beforeUpdate()

beforeUpdate()在数据更新时被调用,发生在虚拟 DOM 打补丁前。这里适合在更新前访问现有的 DOM,例如手动移除已添加的事件监听器。

提示:beforeUpdate()是指 View 层的数据变化前,而不是 data 中的数据改变前被触发。因为 Vue 是由数据驱动的。

```
beforeUpdate(){
    console.group('beforeUpdate 更新前状态');
    console.log("%c%s", "color:red", "el      : "+this.$el);            //[object HTMLDivElement]
    console.log(this.$el);
    console.log(this.$el.innerHTML);
    console.log("%c%s", "color:red", "data    : "+this.$data);          //[object Object]
    console.log("%c%s", "color:red", "message : "+this.message);        //值为Hello Vue!!!
},
```

运行的结果如图 2-18 所示。

图 2-18　beforeUpdate()运行后修改 message 值为 Hello Vue!!!

6. updated()

由于数据的更改导致虚拟 DOM 重新渲染和打补丁，在这以后会调用该钩子函数。当该钩子函数被调用时，组件 DOM 已经更新，所以可以执行依赖于 DOM 的操作。然而，在大多数情况下，应该避免在此期间更改状态。如果要改变相应状态，最好使用计算属性或 watcher 取而代之。updated()不会承诺所有的子组件都一起被重绘。如果希望等到整个视图都重绘完毕，可以用 vm.$nextTick 替换掉 updated()。

提示：View 层的数据更新后，data 中的数据同 beforeUpdate()，都是更新完以后的。

```
updated(){
  console.group('updated 更新完成状态');
  console.log("%c%s", "color:red", "el     : "+this.$el);      //[object HTMLDivElement]
  console.log(this.$el);
  console.log(this.$el.innerHTML);
  console.log("%c%s", "color:red", "data   : "+this.$data);    //[object Object]
  console.log("%c%s", "color:red", "message: "+this.message);  //值为Hello Vue!!!
},
```

运行的结果如图 2-19 所示。

图 2-19　updated()运行结果

提示：从上面可以看到，beforeUpdate() 和updated() 钩子函数中的$el 一样，因为 beforeUpdate()应该指向虚拟 DOM，所以$el 才会相同，而 DOM 中的真正内容是不一样的。

7. beforeDestroy()

beforeDestroy()在实例销毁前被调用。在这一步，实例仍然完全可用。

提示：执行 vm.$destroy() 触发 beforeDestroy() 和 destoryed() 钩子函数。

```
beforeDestroy(){
  console.group('beforeDestroy 销毁前状态');
  console.log("%c%s", "color:red", "el     : "+this.$el);      //[object HTMLDivElement]
  console.log(this.$el);
  console.log("%c%s", "color:red", "data   : "+this.$data);    //[object Object]
  console.log("%c%s", "color:red", "message: "+this.message);  //值为Hello Vue!!!
},
```

8. destroyed()

destroyed()在 Vue 实例销毁后被调用。调用后，Vue 实例指向的所有部分都会被解绑定、所有的事件监听器会被移除、所有的子实例也会被销毁。

提示：执行 destroyed ()后，对 data 的改变不会再触发生命周期函数，此时的 Vue 实例已经解除了事件监听及与 DOM 的绑定，但是 DOM 结构依然存在。

```
destroyed(){
  console.group('destroyed 销毁完成状态');
```

```
        console.log("%c%s", "color:red", "el      : "+this.$el);        //[object HTMLDivElement]
        console.log(this.$el);
        console.log("%c%s", "color:red", "data    : "+this.$data);      //[object Object]
        console.log("%c%s", "color:red", "message : "+this.message);    //值为Hello Vue!!!
    },
```

2.5 就业面试技巧与解析

学完本章内容，会对 Vue 实例创建、实例的生命周期及编辑器 HBuilder X 的使用等有个基本了解。下面会对面试过程中出现的问题进行解析，更好地帮助读者学习。

2.5.1 面试技巧与解析（一）

面试官：Vue 的生命周期是什么？

应聘者：

（1）beforeCreate()（创建前）在数据观测和初始化事件还未开始时被调用。

（2）created()（创建后）在完成数据观测、属性和方法的运算、初始化事件后被调用，$el 属性还没有显示出来。

（3）beforeMount()（载入前）在挂载开始前被调用，相关的 render 函数首次被调用。实例已完成以下配置：编译模板，把 data 中的数据和模板生成.html。注意此时还没有挂载.html 到页面上。

（4）mounted()（载入后）在 el 被新创建的 vm.$el 替换，并挂载到实例上后被调用。实例已完成以下配置：用上面编译好的.html 内容替换 el 属性指向的 DOM 对象。注意此时模板中的.html 被渲染到.html 页面中，此过程中进行 Ajax 交互。

（5）beforeUpdate()（更新前）在数据更新前被调用，发生在虚拟 DOM 重新渲染和打补丁前。在该钩子函数中可以进一步更改状态，不会触发附加的重渲染过程。

（6）updated()（更新后）在由于数据更改导致的虚拟 DOM 重新渲染和打补丁后被调用。调用时，组件 DOM 已经更新，所以可以执行依赖于 DOM 的操作。然而，在大多数情况下，应该避免在此期间更改状态，因为这可能会导致更新无限循环。该钩子函数在服务器端渲染期间不被调用。

（7）beforeDestroy()（销毁前）在实例销毁前被调用，实例仍然完全可用。

（8）destroyed()（销毁后）在实例销毁后被调用，调用后，所有的事件监听器会被移除、所有的子实例也会被销毁。该钩子函数在服务器端渲染期间不被调用。

2.5.2 面试技巧与解析（二）

面试官：第一次页面加载会触发哪几个钩子函数？

应聘者：

第一次会触发 beforeCreate()、created()、beforeMount()、mounted()，并且在 mounted()阶段 DOM 被渲染完成。

第 3 章
Vue.js 指令

 本章概述

本章主要讲解 Vue.js 的指令等内容，为后面更加深入地学习和自主研发项目做铺垫、为使用 Vue.js 前端框架开发项目奠定基础。通过本章内容的学习，读者可以了解 Vue.js 的内置指令、自定义指令、指令的高级选项等。

 本章要点

- Vue.js 内置指令。
- Vue.js 自定义指令。
- Vue.js 指令的高级选项。

3.1 内置指令

在学习 Vue 前端框架时往往会遇到指令，并且要会使用它。指令又分为内置指令和自定义指令。下面介绍内置指令。

3.1.1 指令

指令（directives）是 Vue 中最常用的功能，以带有 v-前缀的特殊属性形式呈现，主要负责当表达式的值改变时，将其产生的连带影响响应式地作用于 DOM。

1. v-bind

v-bind：响应并更新 DOM 特性，例如 v-bind:href、v-bind:class、v-bind:title 等。

主要用法：绑定属性、动态更新 HTML 元素上的属性。

代码如下：

```
<!DOCTYPE html>
<html>
    <head>
```

```
    <meta charset="utf-8">
    <title>v-bind练习</title>
    <script src="vue.js" type="text/javascript" charset="UTF-8"></script>
  </head>
<body>
    <div id="app">
        <a v-bind:href="url">点击</a>
    </div>
    <script type="text/javascript">
    var vm = new Vue({
        el: '#app',
        data: {
            url: 'https://www.imooc.com/'
        }
    })
    </script>
</body>
</html>
```

运行效果如图 3-1 所示。

图 3-1　v-bind 运行效果

2. v-model

v-model：数据双向绑定，用于表单输入，例如<input v-model="message">。

主要用法：用在 input、select、text、checkbox、radio 等表单控件或者组件上创建双向绑定。它会根据控件类型自动选取正确的方法来更新元素，主要负责监听用户的输入事件以更新数据，并处理一些极端的例子。

代码如下：

```
<!DOCTYPE html>
<html>
  <head>
    <meta charset="utf-8">
    <title>v-model练习</title>
```

```
    <script src="vue.js" type="text/javascript" charset="UTF-8"></script>
  </head>
 <body>
   <div id="app">
     <input v-model="message" placeholder="edit">
     <p>Message is: {{ message }}</p>
   </div>
   <script type="text/javascript">
     var vm=new Vue({
     el:'#app',
     data:{
       message:'it 聚慕课'
     }
   });
   </script>
</body>
</html>
```

运行效果如图 3-2 所示。

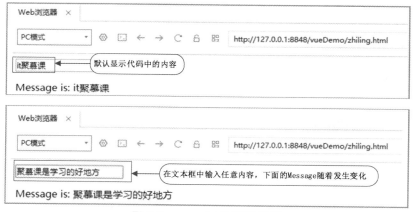

图 3-2　v-model 运行效果图

3. v-for

v-for：循环指令。例如：

```
<li v-for="(item,index) in todos"></li>
```

主要用法：基于源数据多次渲染元素或模块。此指令的值必须使用特定语法，为当前遍历的元素提供别名。

代码如下：

```
<!DOCTYPE html>
<html>
  <head>
    <meta charset="utf-8">
    <title>v-for 练习</title>
    <script src="vue.js" type="text/javascript" charset="UTF-8"></script>
  </head>
<body>
  <div id="app">
```

```
    <ol>
      <li v-for='value in arr'>
        {{value}}
      </li>
    </ol>
  </div>
  <script type="text/javascript">
    var vm=new Vue({
      el: '#app',
      data:{
        arr:['苹果','梨子','橘子','芒果'],
        json:{a:'丽丽',b:'小明',c:'小红'}
      }
    })
  </script>
</body>
</html>
```

运行效果如图 3-3 所示。

提示：上述代码中的<li v-for='value in arr'>，如果其值为'value in arr'，则在控制台显示 data 中 arr 的内容；如果其值为'value in json'，则显示 data 中 json 的内容。

图 3-3　v-for 运行效果图

4. v-on

v-on：用于监听 DOM 事件，例如 v-on:click、v-on:keyup 等。

主要用法：绑定事件监听器。事件类型由参数指定，表达式可以是一个方法的名称或一个内联语句，如果没有修饰符也可以省略。V-on 用在普通元素上时，只能监听原生 DOM 事件；用在自定义元素组件上时，能监听子组件触发的自定义事件。在监听原生 DOM 事件时，方法以事件为唯一的参数。如果使用内联语句，语句可以访问一个$event**属性：**v-on:click="handle('ok', $event)"。

代码如下：

```
<!DOCTYPE html>
<html>
  <head>
    <meta charset="utf-8">
    <title>v-on 练习</title>
    <script src="vue.js" type="text/javascript" charset="UTF-8"></script>
```

```
    </head>
<body>
    <div id="app">
     <input type="button" value="点击1" onclick='alert(1)' />
     <input type="button" value="点击2" v-on:click='show()' />
    </div>
    <script type="text/javascript">
        var vm=new Vue({
            el: '#app',
            data: {
            },
            methods:{
              show:function(){         //方法
              alert(1);
              }
            }
        })
    </script>
</body>
</html>
```

运行效果如图 3-4 所示。

图 3-4　v-on 运行效果图

5. v-html

v-html：更新元素的 innerHTML。

提示：按普通 HTML 插入"-"，不会作为 Vue 模板进行编译。如果试图使用 v-html 组合模板，可以重新考虑是否通过使用组件来替代。在网站上动态渲染任意 HTML 是非常危险的，容易导致 XSS 攻击。建议只在可信内容上使用 v-html，不在用户提交的内容上使用。

代码如下：

```
<!DOCTYPE html>
<html>
  <head>
    <meta charset="utf-8">
    <title>v-html 练习</title>
    <script src="vue.js" type="text/javascript" charset="UTF-8"></script>
  </head>
<body>
    <div id="app" v-html="msg"></div>
```

```
    <script type="text/javascript">
      var vm=new Vue({
        el:'#app',
        data:{
          msg:'<h1>欢迎来到聚慕课</h1>'
        }
      });
    </script>
</body>
</html>
```

运行效果如图 3-5 所示。

图 3-5　v-html 运行效果图

6. v-text

v-text：更新元素的 textContent，例如<span v-text="msg"></span>等同于<span>{{msg}}</span>。

主要用法：更新元素的 textContent。如果要更新部分的 textContent，需要使用{{mustache}}插值。

提示：使用<span v-text="msg"></span>和<span>{{msg}}</span>两种写法都可以。

代码如下：

```
<!-- 第一种 -->
<!DOCTYPE html>
<html>
  <head>
      <meta charset="utf-8">
      <title>v-text 练习</title>
      <script src="vue.js" type="text/javascript" charset="UTF-8"></script>
  </head>
<body>
    <div id="app" v-text="'今年是'+year+'年'+month+'月'"></div>
    <script type="text/javascript">
      var vm=new Vue({
        el:'#app',
        data:{
          year:new Date().getFullYear(),
          month:new Date().getMonth()+1
        }
      });
    </script>
</body>
</html>

<!-- 第二种 -->
<!DOCTYPE html>
<html>
  <head>
      <meta charset="utf-8">
```

```
    <title>v-text 练习</title>
    <script src="vue.js" type="text/javascript" charset="UTF-8"></script>
  </head>
<body>
    <div id="app">
      今年是{{year}}年{{month}}月
    </div>
    <script type="text/javascript">
      var vm=new Vue({
        el:'#app',
        data:{
            year:new Date().getFullYear(),
            month:new Date().getMonth()+1
        }
      });
    </script>
</body>
</html>
```

运行效果如图 3-6 所示。

图 3-6　v-text 运行效果图

7. v-cloak

v-cloak：不需要表达式，这个指令保持在元素上，直到关联实例结束编译。

主要用法：当 Cloak 和 CSS 规则（如[v-cloak] {display: none}）一起用时，这个指令可以隐藏未编译的 <mustache> 标签直到实例准备完毕，否则在渲染页面时，有可能用户会先看到 <mustache> 标签，然后看到编译后的数据。

代码如下：

```
<!DOCTYPE html>
<html>
  <head>
    <meta charset="utf-8">
    <title>v-cloak 练习</title>
    <style type="text/css">
        [v-cloak] {
          display: none;
        }
    </style>
    <script src="vue.js" type="text/javascript" charset="UTF-8"></script>
  </head>
<body>
    <div id="app">
      <span>{{message}}</span>
      <span v-cloak>{{message}}</span>
    </div>
    <script type="text/javascript">
```

```
      var vm=new Vue({
        el:'#app',
        data:{
          message:'Hello Vue'
        }
      });
    </script>
  </body>
</html>
```

运行效果如图 3-7 所示。

图 3-7 v-cloak 运行效果图

8. v-pre

v-pre：不需要表达式，用于跳过元素及子元素的编译过程，以此来加快整个项目的编译速度。例如：

```
<span v-pre>{{ this will not be compiled }}</span>
```

主要用法：跳过元素和它的子元素的编译过程。此外，它可以用来显示原始<mustache>标签。

代码如下：

```
<!DOCTYPE html>
<html>
  <head>
      <meta charset="utf-8">
      <title>v-pre 练习</title>
      <script src="vue.js" type="text/javascript" charset="UTF-8"></script>
  </head>
<body>
  <div id="app">
      <span v-pre>{{message}}</span>
      <span>{{message}}</span>
  </div>
  <!-- 以上代码，第一个<span></span>中的内容不会被编译，显示为{{message}}，
  第二个<span></span>中的内容会被编译，显示为 Hello Vue -->
  <script type="text/javascript">
    var vm=new Vue({
        el:'#app',
        data:{
          message:'Hello Vue'
        }
    })
  </script>
</body>
</html>
```

运行效果如图 3-8 所示。

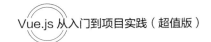

图 3-8　v-pre 运行效果图

9. v-once

v-once：不需要表达式，只渲染元素或组件一次。以后渲染时，组件/元素及下面的子元素都当成静态页面不再被渲染，这可以用于优化更新性能。

代码如下：

```html
<!DOCTYPE html>
<html>
  <head>
    <meta charset="utf-8">
    <title>v-once 练习</title>
    <script src="vue.js" type="text/javascript" charset="UTF-8"></script>
  </head>
<body>
<div id="app">
  <!-- 单个元素 -->
  <span v-once>This will never change: {{msg}}</span>
  <!-- 有子元素 -->
  <div v-once>
    <h3>你好</h3>
    <p>{{msg}}</p>
  </div>
</div>
<script type="text/javascript">
  var vm = new Vue({
    el: '#app',
    data:{
      msg:'Hello Vue'
    }
  })
</script>
</body>
</html>
```

运行效果如图 3-9 所示。

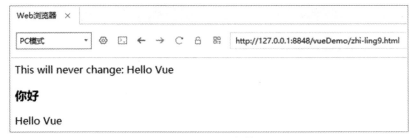

图 3-9　v-once 运行效果图

3.1.2 条件指令

除了基本指令外，Vue 内置指令还包含条件指令。和 JavaScript 的条件语句一样，Vue 的条件指令可以根据表达式的值在 DOM 中渲染或者销毁元素/组件。常用的 Vue 条件指令有 v-if、v-else、v-else-if。下面对它们及 v-show 进行详解。

1. v-if

v-if：条件渲染指令，动态地在 DOM 内添加或删除 DOM 元素。

主要用法：根据表达式值的真假判断是否渲染元素，在切换时元素及它的数据绑定/组件被销毁并重建。如果元素是<template>，将提出它的内容作为条件块。

代码如下：

```
<!DOCTYPE html>
<html>
  <head>
    <meta charset="utf-8">
    <title>v-if 练习</title>
    <script src="vue.js" type="text/javascript" charset="UTF-8"></script>
  </head>
<body>
  <div id="app">
    <h3>Hello Vue!!</h1>
    <h3 v-if='yes'>Yes!</h1>
    <h3 v-if='no'>No!</h1>
    <h3 v-if='age >=18'>Age:{{age}}</h1>
    <h3 v-if='name.indexOf("jack")>=0'>Name:{{name}}</h1>
  </div>
  <script type="text/javascript">
    var vm = new Vue({
      el: '#app',
      data:{
        yes:true,
        no:false,
        age:22,
        name:'abc'
      }
    })
  </script>
</body>
</html>
```

运行效果如图 3-10 所示。

图 3-10　v-if 运行效果图

2. v-else

v-else：条件渲染指令，必须与 v-if 成对使用。

主要用法：v-else 元素必须紧跟在 v-if 或者 v-else-if 的后面，否则它将不会被识别。

代码如下：

```
<!DOCTYPE html>
<html>
  <head>
    <meta charset="utf-8">
    <title>v-else 练习</title>
    <script src="vue.js" type="text/javascript" charset="UTF-8"></script>
  </head>
<body>
  <div id="app">
    <template v-if="msg">Hello Vue</template>
    <template v-else="msg">欢迎来到聚慕课</template>
  </div>
  <script type="text/javascript">
     var vm = new Vue({
        el: '#app',
        data:{
        msg:false
        }
     })
  </script>
</body>
</html>
```

运行效果如图 3-11 所示。

图 3-11　v-else 运行效果图

3. v-else-if

v-else-if：判断多层条件，必须跟 v-if 成对使用。

主要用法：表示 v-if 的"else if"块，可以链式调用。前一兄弟元素必须有 v-if 或 v-else-if。

代码如下：

```
<!DOCTYPE html>
<html>
  <head>
    <meta charset="utf-8">
    <title>v-else-if 练习</title>
```

```
    <script src="vue.js" type="text/javascript" charset="UTF-8"></script>
  </head>
<body>
  <div id="app">
    <ul id="list">
      <li v-if="type === 'A'">A</li>
      <li v-else-if="type === 'B'">B</li>
      <li v-else-if="type === 'C'">C</li>
      <li v-else>false</li>
    </ul>
  </div>
  <script type="text/javascript">
    var vm = new Vue({
      el: '#app',
      data:{
        type:'A'
      }
    })
  </script>
</body>
</html>
```

运行效果如图 3-12 所示。

图 3-12　v-else-if 运行效果图

4. v-show

v-show：条件渲染指令，为 DOM 设置 CSS 的 Style 属性。

主要用法：根据表达式的真假值，切换元素的 CSS 属性 display。当条件变化时，该指令触发过渡效果。

提示：带有 v-show 的元素始终会被渲染并保留在 DOM 中。

代码如下：

```
<!DOCTYPE html>
<html>
  <head>
    <meta charset="utf-8">
    <title>v-show 练习</title>
  </head>
 <body>
    <h3 v-show="ok">Hello Vue!</h3>
```

```
</body>
</html>
```

运行效果如图 3-13 所示。

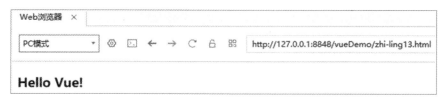

图 3-13 v-show 运行效果图

v-show 的用法与 v-if 基本一致，只不过是改变元素的 CSS 属性 display。当 v-show 表达式的值为 false 时，元素会隐藏，查看 DOM 结构会看到元素上加载了内联样式 display:none。v-if 和 v-show 具有类似的功能，不过 v-if 才是真正的条件渲染，它会根据表达式适当地销毁或重建元素及绑定的事件或子组件。若表达式初始值为 false，则一开始元素/组件并不会渲染，只有当条件第一次变为真时才开始编译。

3.2 自定义指令

Vue.js 中除了内置基本指令，还有自定义指令。自定义指令又分为局部自定义指令和全局自定义指令。使用 Vue.directive(id,definition)可以注册全局自定义指令，使用组件的 directives 选项可以注册局部自定义指令。

3.2.1 指令的注册

自定义指令在 Vue 中占据重要的位置。下面将介绍指令的注册，包括如何对全局指令及局部指令进行注册。

1. 局部注册

局部注册自定义指令：作用在局部，默认只会在当前页面的 Vue 实例生效；其写法跟全局注册不同，它是用 directives 写在 Vue 实例中，这时 directive 要加"s"变为复数。指令名不用字符串格式，指令名和 directives 都是以对象的形式来写，其中的钩子函数写法和全局一样。当指令写好后，直接在 html 元素中使用 v-指令名即可。

局部注册自定义指令，代码如下：

```
directives:{
  content:{
    inserted:el=>{
      el.value='请输入内容';
    }
  }
}
```

在页面中用 v-指令名引用即可，代码如下：

```
<input type="text" v-focus v-content/>
```

2. 全局注册

全局注册自定义指令：作用在全局，写法是在 Vue 实例前用 Vue.directive()方法，directive 不用加 "s"。在这个方法中传入两个参数，第一个参数是指令名，指令名要求是字符串；第二个参数是一个对象，在对象中属性为钩子函数，这很像 Ajax 中的 success 回调函数，在钩子函数中传入参数（如 el、binding、VNode、oldVnode），根据参数进行编写。

全局注册自定义指令，代码如下：

提示：全局注册用 directive，末尾是没有 "s" 的，局部注册是有 "s" 的。

```
Vue.directive('focus',{
   inserted:function(el){
   el.focus()//添加焦点事件，也可以给DOM元素添加其他，例如在<input>标签中用到el.value='请输入内容'
   }
})
```

3.2.2 钩子函数

在指令注册中涉及一些重要的钩子函数，它们在编写程序中起到了重要作用。下面将对指令中的钩子函数进行逐一介绍。

（1）bind：只调用一次，第一次绑定指令到元素时调用，可以在此绑定中只执行一次初始化操作。

（2）inserted：被绑定元素插入父节点时调用。父节点只要存在即可被调用，不必存在于 document 中。也就是说，必定存在父节点，但是它的父节点未必存在文档中。

（3）update：无论绑定值是否发生变化，只要被绑定元素所在的模板被更新即可调用。Vue.js 会通过比较更新前后的绑定值，忽略不必要的模板更新操作。也就是说，在包含该组件的 VNode 更新后调用该函数，可能在其子节点更新前调用，指令的值可能已更改、可能未更改。最好通过判断新旧值来过滤掉不必要的操作。

（4）componentUpdated：被绑定元素所在模板完成一次更新周期时调用。也就是说，在包含该组件的 VNode 及其子节点的 VNode 已更新后进行调用。

（5）unbind：指令与元素解绑时调用，只调用一次。

下面用代码对钩子函数进行说明。

```
<!DOCTYPE html>
<html>
   <head>
     <meta charset="utf-8">
     <title>钩子函数练习</title>
     <script src="vue.js" type="text/javascript" charset="UTF-8"></script>
   </head>
<body>
   <div id="app">
     <input type="text" id="text" v-focus><!--自定义全局指令后可在标签内直接使用这个指令-->
   </div>
<script>
//注册一个全局自定义指令
Vue.directive('focus', {
   //每当指令绑定到元素上时，会立即执行这个bind函数，但是只执行一次
   bind: function(){
   },
   //inserted表示元素插入到DOM中时，会执行inserted函数，只触发一次，el表示被绑定的那个原生js对象
```

```
      inserted: function(el){
        el.focus()
      },
    //当 VNode 更新时会执行 updated,可能触发多次
      updated:function(){
        }
    })
   var vm=new Vue({
     el: '#app',
     data: {
       }
    })
  </script>
</body>
</html>
```

3.2.3 钩子函数参数

前面介绍了钩子函数,那么它们有哪些参数呢?下面将对钩子函数的参数进行介绍。

(1) el:指令所绑定的元素,可利用它直接操作 DOM。

(2) binding:指令所绑定的值,如下所示。

①name:指令名,不包括"v-"前缀。

②value:指令的绑定值。例如 v-my-directive="2+1"中,绑定值为 3。

③oldValue:指令绑定的前一个值,仅在 update 和 componentUpdated 钩子函数中可用。无论值是否改变都可用。

④expression:字符串形式的指令表达式。例如 v-my-directive="2+2"中,表达式为"2+2"。

⑤arg:传给指令的参数,可选项。例如 v-my-directive:vue 中,参数为"vue"。

⑥modifiers:一个包含修饰符的对象。例如 v-my-directive.vue.bar 中,修饰符对象为{vue:true,bar:true}。

(3) VNode:Vue 编译生成的虚拟节点。

(4) oldVnode:上一个虚拟节点,仅在 update 和 componentUpdated 钩子函数中可用。

提示:这些参数中,除了 el 以外,其他参数都看作是只读参数,即不要对它们进行修改。如果需要跨钩子使用它们,建议使用 dataset 来实现。

指令的参数值可以是动态的,代码如下:

```
<p v-track:left="[dyLeft]">text </p>
  data(){
    return {
      dyLeft : 500
      }
    }
```

3.2.4 函数简写

在进行指令书写的时候,有部分指令可以进行简写。例如,由于大多数情况下只关注 bind 及 update,因此可以这样简写:

```
Vue.directive('xxx-xxx', function(el, binding){
  el.style.backgroundColor = binding.value ;
})
```

```
//v-bind 及 v-on 的简写
<!--完整语法-->
<a v-bind:href="url">bind</a>
<!--缩写-->
<a :href="url">bind</a>
<!--完整语法-->
<a v-on:click="doSomething">on</a>
<!--缩写-->
<a @click="doSomething">on</a>
```

3.2.5 对象字面量

对象字面量是对象定义的一种简要形式，目的在于简化创建包含大量属性的对象的过程。当指令需要多个值的时候，可以传入一个 JavaScript 对象字面量。当然，指令可以接受任何合法的 JavaScript 表达式。

```
<!DOCTYPE html>
<html>
  <head>
    <meta charset="utf-8">
    <title>对象字面量</title>
    <script src="vue.js" type="text/javascript" charset="UTF-8"></script>
  </head>
<body>
  <div id="app">
    <div>
      <child my-message="2"></child>    <!--字符串运算-->
    </div>
    <div>
      <child :my-message="2"></child>   <!--数值运算-->
    </div>
  </div>
  <script type="text/javascript">
    Vue.config.debug = true;
    Vue.component('child',{
        props: ['myMessage'],    <!--定义props-->
        template: '<span>{{ myMessage + 1}}</span><div>{{ myMessage + "a"}}</div>
        <div>{{ myMessage + 1.23}}</div>'
    });    <!--模板的拼接-->
    var vm=new Vue({
        el: '#app'
    });
  </script>
</body>
</html>
```

运行的效果如图 3-14 所示。

图 3-14 对象字面量运行效果图

3.3 指令的高级选项

指令的高级选项也在 Vue 开发中起到重要作用,一共有六个选项,下面将对它们逐一进行介绍。

3.3.1 deep

deep:如果在一个对象上使用自定义指令,并且当对象内部嵌套的属性发生变化时要触发指令的 update 函数,则在指令定义对象中传入 deep:true。

代码如下:

```
<div id="app" v-my-directive="obj"></div>
Vue.directive('my-directive', {
  deep:true,
  update:function(obj){
  //当 obj 内部嵌套的属性变化时也会调用此函数
  }
})
let demoVM=new Vue({
    el:"#app",
    data:{
      a:{b:{c:2}}
    }
})
```

3.3.2 params

params:自定义对象中可以接收一个 params 数组,指定一个特性列表,Vue.js 编译器将自动提取自定义指令绑定元素上的这些特性。

代码如下:

```
<div v-example a="hi"></div>
Vue.directive('example', {
  params: ['a'],
  bind: function(){
    console.log(this.params.a)
  }
})
```

此项 API 也支持动态属性,this.params[key]会自动保持更新。另外,可以指定一个回调,在值变化时调用,代码如下:

```
<div v-example v-bind:a="Vue"></div>
Vue.directive('example', {
  params: ['a'],
  paramWatchers: {
    a: function(val,oldVal){
      console.log('a changed!')
    }
  }
})
```

提示:类似于 props,指令参数的名称在 JavaScript 中使用 camelCase 风格,在 HTML 中对应使用 kebab-case 风格。假设在模板中有一个参数 disable-effect,在 JavaScript 中以 disableEffect 访问它。

3.3.3　twoWay

twoWay：在自定义指令中，如果指令想向 Vue 实例写回数据，就需要在定义对象中使用 twoWay:true。这样，该选项可以在指令中使用 this.set(value)。

代码如下：

```
Vue.directive('example', {
    twoWay: true,
    bind: function(){
        this.handler = function(){
        //将数据写回 vm
        //如果指令这样绑定 v-example="a.b.c"，它将用给定值设置 'vm.a.b.c'
        this.set(this.el.value)
        }.bind(this)
        this.el.addEventListener('input', this.handler)
    },
    unbind: function(){
        this.el.removeEventListener('input', this.handler)
    }
})
```

3.3.4　priority

priority：用于指定指令的优先级。如果没有指定优先级，普通指令的优先级默认值为 1000，terminal 指令的优先先级默认值为 2000。同一元素上优先级高的指令会比其他指令处理得早一些，优先级一样的指令按照其在元素特性列表中出现的顺序依次处理，但是不能保证这个顺序在不同的浏览器中是一致的。在 API 中可以查看内置指令的优先级。另外，流程控制指令 v-if 和 v-for 在编译过程中始终拥有最高的优先级。

以下为内置指令优先级顺序。

```
export const ON = 700
export const MODEL = 800
export const BIND = 850
export const TRANSITION = 1100
export const EL = 1500
export const COMPONENT = 1500
export const PARTIAL = 1750
export const IF = 2100
export const FOR = 2200
export const SLOT = 2300
```

3.3.5　terminal

terminal：使用 terminal 选项是一个相对较为复杂的过程，选项 terminal 的作用是阻止 Vue.js 遍历当前元素及其内部元素，并由该指令本身去编译绑定元素及其内部元素。Vue 通过递归遍历 DOM 树来编译模块。但是当它遇到 terminal 指令时会停止遍历这个元素的后代元素，并由 terminal 指令接管编译这个元素及其后代元素。v-if 和 v-for 都是 terminal 指令。

编写自定义 terminal 指令是一个高级话题，需要较好地理解 Vue 的编译流程，但这不是说不可能编写自定义 terminal 指令。用 terminal:true 指定自定义 terminal 指令，可能还需要用 Vue.FragmentFactory 来编译

partial。下面是一个自定义 terminal 指令的示例,terminal 指令编译内容模板并将结果注入页面的另一个地方。

提示:如果想编写自定义 terminal 指令代码,建议读者先通读内置 terminal 指令的源码(如 v-if 和 v-for),以便更好地了解 Vue 的内部机制。

代码如下:

```
var FragmentFactory = Vue.FragmentFactoryvar remove = Vue.util.removevar createAnchor = Vue.util.createAnchor
  Vue.directive('inject', {
    terminal: true,
    bind: function(){
      var container = document.getElementById(this.arg)
      this.anchor = createAnchor('v-inject')
      container.appendChild(this.anchor)
      remove(this.el)
      var factory = new FragmentFactory(this.vm, this.el)
      this.frag = factory.create(this._host, this._scope, this._frag)
      this.frag.before(this.anchor)
    },
    unbind: function(){
      this.frag.remove()
      remove(this.anchor)
    }
  })
<div id="modal"></div>
  <div v-inject:modal>
    <h3>header</h3>
    <p>body</p>
    <p>footer</p>
  </div>
```

3.3.6 acceptStatement

acceptStatement:选项 acceptStatement:true 可以允许自定义指令接收内联语句,同时 update 函数接收的值是一个函数。

代码如下:

```
<div v-my-directive="j++"></div>
Vue.directive('my-directive',{
  acceptStatement: true,
  update: function(fn){
  //传入值是一个函数
  //在调用它时,将在所属实例作用域内计算"j++"的语句
  }
})
var vm = new Vue({
  el : '#app',
  data : {
  j : 0
  }
});
```

3.4　就业面试技巧与解析

学完本章内容，会对 Vue 的基本指令、自定义指令、指令的高级选项等有一定的了解。下面会对面试过程中出现的问题进行解析，更好地帮助读者学习。

3.4.1　面试技巧与解析（一）

面试官：v-if 和 v-show 有什么区别？

应聘者：

（1）相同点：两者都是在判断 DOM 节点是否要显示。

（2）不同点：

①实现方式。v-if 是根据后面数据的真假值，判断直接从 DOM 树上删除或重建元素节点；v-show 只是修改元素的 CSS 样式，也就是 display 的属性值，元素始终在 DOM 树上。

②编译过程。v-if 切换有一个局部编译/卸载的过程，切换过程中合适地销毁和重建内部的事件监听和子组件；v-show 只是简单地基于 CSS 切换。

③编译条件。v-if 是惰性的，如果初始条件为假，则什么也不做，只有在条件第一次变为真时才开始局部编译；v-show 是在任何条件下（无论首次条件是否为真）都被编译，然后被缓存，而且 DOM 元素始终被保留。

④性能消耗。v-if 有较高的切换消耗，不适合做频繁的切换；而 v-show 有较高的初始渲染消耗，适合做频繁的切换。

3.4.2　面试技巧与解析（二）

面试官：Vue 组件中 data 为什么必须是函数？

应聘者：

在 new Vue() 中，data 是可以作为一个对象进行操作的。然而，在 component 中，data 只能以函数的形式存在，不能直接将对象赋值给它。

当 data 选项是一个函数的时候，每个实例可以维护一份被返回对象的独立备份，这样各个实例中的 data 不会相互影响，以确保是独立的。

第 4 章
Vue.js 基本特性

 本章概述

本章主要讲解 Vue.js 的基本特性，如 Vue.js 的实例及选项、Vue.js 的模板渲染、extend 的用法等，为后面更加深入地学习做铺垫、为使用 Vue.js 前端框架开发项目奠定基础。通过本章内容的学习，读者可以了解 Vue.js 数据和方法、条件渲染、列表渲染及 extend 的用法等内容。

 本章要点

- Vue.js 的实例及选项。
- Vue.js 的条件渲染。
- Vue.js 的列表渲染。
- extend 的用法。

4.1 实例及选项

Vue.js 是通过 new View({…})来声明一个实例的，在这个实例中包含了当前页面的 HTML 结构、数据和事件。Vue 实例是 MVVM 模式中的 ViewModel，实现了数据和视图的双向绑定。在实例化时可以传入一个选项对象，它包含数据、模板、挂载元素、方法、生命周期钩子函数等选项。

4.1.1 数据

data：在 Vue 实例中初始化的 data 中的所有数据会自动进行监听绑定，然后可以在 View 中通过使用两个大括号来绑定 data 中的数据。

代码如下：

```
<!DOCTYPE html>
<html>
  <head>
    <meta charset="utf-8">
    <title>Hello Vue</title>
```

```
    <script src="vue.js" type="text/javascript" charset="UTF-8"></script>
  </head>
<body>
  <div id="app">
    <h2>{{message}}</h2>
    <input type="text" v-model="message">
  </div>
  <script type="text/javascript">
    var vm = new Vue({
        el:'#app',
        data:{
          message:'Hello Vue'
        }
    });
  </script>
</body>
</html>
```

运行效果如图 4-1 所示。

图 4-1 data 运行效果图（一）

在后面的代码中，只要通过 app.message='XX'，即可进行视图的实时更新，使用起来很简单。

提示：data 中的数据都是浅拷贝。这意味着，如果修改原来的对象也会改变 data，从而触发更新事件。

```
var info = { a: 1 }
var app = new Vue({
  el: '#app',
  data: infor
})
  infor.a = 3      //使得 data.a = 3，这里也会触发数据监听，从而更新视图
  app.a = 2        //使得 info.a = 2，同样会触发数据监听
```

在组件的使用过程中也可以使用 data，需要注意以下几点。

（1）data 的值必须是一个函数，并且返回值是原始对象。如果传给组件的 data 是一个原始对象，则在建立多个组件实例时，它们就会共用这个 data 对象，修改其中一个组件实例的数据就会影响其他组件实例的数据。

（2）data 中的属性和 props 中的不能重名。

```
<!DOCTYPE html>
<html>
  <head>
    <title>Hello World</title>
    <script src="vue.js" type="text/javascript" charset="UTF-8"></script>
  </head>
<body>
    <div id="app">
```

```
      <message content='Hello World'></message>
    </div>
  </body>
  <!-- 测试组件 -->
  <script type="text/javascript">
    var Message = Vue.extend({
      props : ['content'],
      data : function(){return {
        a: 'it worked'
      }},
      template : '<h1>{{content}}</h1><h1>{{a}}</h1>'
    })
    Vue.component('message', Message)
    var app = new Vue({
      el : '#app',
    })
  </script>
</html>
```

运行效果如图 4-2 所示。

图 4-2　data 运行效果图（二）

4.1.2　方法

methods：通过 methods 对象定义方法，并使用 v-on 指令来监听 DOM 事件。

```
<button v-on:click="alert">alert</button>
new Vue({
  el: '#app',
  data:{ a:1 },
  methods:{
    alert:function(){
      alert(this.a)
    }
  }
})
```

自定义事件在初始化的时候传入 events 对象，通过实例的 $emit 方法进行触发。而在 Vue.js 2.0 中则废除了 events 选项属性，不再支持事件广播这类特性，所以直接使用 Vue 实例的全局方法 $on/$emit()，或者使用插件 Vuex 来处理即可。

通过调用表达式中的 methods 也可以达到同样的效果。代码如下：

提示：不应该使用箭头函数来定义 methods 函数。

```
<!DOCTYPE html>
<html>
  <head>
    <meta charset="utf-8">
    <title>练习</title>
```

```
    <script src="vue.js" type="text/javascript" charset="UTF-8"></script>
  </head>
<body>
  <div id="app">
    <p>原始字符串: "{{ message }}"</p>
    <p>反向字符串: "{{ reversedMessage() }}"</p>
  </div>
  <script type="text/javascript">
  var vm=new Vue({
    el: '#app',
    data: {
      message: '聚慕课'
    },
    methods: {
      reversedMessage: function(){
        return this.message.split('').reverse().join('')
      }
    }
  })
 </script>
</body>
</html>
```

运行的效果如图 4-3 所示。

图 4-3　methods 运行效果图（一）

从最终的结果来看，两种方式确实是相同的。然而不同的是，计算属性是基于它们的依赖进行缓存的。计算属性只有在它的相关依赖发生改变时才会重新求值。这意味着，只要 message 还没有发生改变，多次访问 reversedMessage 计算属性会立即返回以前的计算结果，而不必再次执行函数。相比而言，只要发生重新渲染，methods 调用总会执行该函数。

代码如下：

```
<!DOCTYPE html>
<html>
  <head>
    <meta charset="utf-8">
    <title>练习</title>
    <script src="vue.js" type="text/javascript" charset="UTF-8"></script>
  </head>
<body>
  <div id="app">
    <p>计算属性: "{{ time1 }}"</p>
    <p>methods 方法: "{{ time2() }}"</p>
  </div>
<script type="text/javascript">
  var vm = new Vue({
    el: '#app',
    computed:{
```

```
        time1: function(){
          return(new Date()).toLocaleTimeString()
        }
      },
      methods: {
        time2: function(){
        return(new Date()).toLocaleTimeString()
        }
      }
    })
  </script>
</body>
</html>
```

运行的效果如图 4-4 所示。

图 4-4　methods 运行效果图（二）

提示：假设有一个性能开销比较大的商城 A，它需要遍历一个极大的数组和做大量的计算，来获取可能存在的其他商品（赖于 A）。如果没有缓存，将不可避免地多次执行 A 的 getter。如果不希望有缓存，则可以用 methods 替代。

4.1.3　模板

选项中主要影响模板或 DOM 的有 el 和 template，属性 replace 和 template 需要一起使用。下面对 el 和 template 进行介绍。

（1）el（类型为字符串、DOM 元素或函数）：为实例提供挂载元素，通过使用 CSS 选择语法来选择绑定的元素，如 el:'#app'。

（2）template（类型为字符串）：默认会将其值替换挂载元素，并合并挂载元素和模板根节点的属性，除非模板的内容有分发 slot。如果值以 "#" 开始，则它用作选项符，将使用匹配元素的 innerHTML 作为模板。常用的技巧是用<script type="x-template"></script>包含模板。例如：

```
template : '<div class="template"><h2>模板</h2></div>',
```

上述代码需要和 replace 一起使用，会用 template 的值替换并合并绑定的元素（el 指定的元素）。详细代码如下：

```
<!DOCTYPE html>
<html>
  <head>
    <meta charset="utf-8">
    <title>模板练习1</title>
    <script src="vue.js" type="text/javascript" charset="UTF-8"></script>
  </head>
<body>
```

```html
    <div id="app"></div>
  </body>
  <!-- 测试 template -->
  <script type="text/javascript">
     var app = new Vue({
       el : '#app',
       template : '<div class="template"><h2>模板</h2></div>'
     })
  </script>
</html>
```

运行的效果如图 4-5 所示。

图 4-5 模板运行效果图（一）

另外，还可以通过在 script 元素中写入 template 的内容来进行调用，这样会使 HTML 代码和 JS 代码分离，更利于阅读和维护。代码如下：

```html
<!DOCTYPE html>
<html>
  <head>
    <title>模板练习 2</title>
    <script src="vue.js" type="text/javascript" charset="UTF-8"></script>
  </head>
  <body>
    <div id="app"></div>
  </body>
  <script id='template' type="x-template">
    <div class="template"><h2>模板 2</h2></div>
  </script>
  <!-- 测试 template 2 -->
  <script type="text/javascript">
    var app = new Vue({
      el : '#app',
      template : '#template'
    })
  </script>
</html>
```

运行的效果如图 4-6 所示。

图 4-6 模板运行效果图（二）

提示：replace 参数决定是否用模板替换挂载元素。如果设置为 true（这是默认值），模板将覆盖挂载元素，并合并挂载元素和模板根节点的 attributes。如果设置为 false，模板将覆盖挂载元素的内容，不会替换挂载元素自身。

在 Vue.js 2.0 中则废除了 replace 参数，并且强制要求 Vue 实例中必须要有一个根元素包围。代码如下：

```
<script id='template' type="x-template">
  <div class='wrap'>
    <div class='div1'></div>
    <div class='div2'></div>
  </div>
</script>
```

而不是：

```
<script id='template' type="x-template">
  <div class='div1'></div>
  <div class='div2'></div>
</script>
```

4.1.4　watch 函数

Vue 提供了一种通用的方式来观察和响应 Vue 实例上的数据变动，那就是 watch 属性。watch 属性是一个对象，它有两个属性：一个是键；另一个是值。键是需要观察的表达式，值是对应回调函数，回调函数得到的参数为新值和旧值。值也可以是方法名，或者包含选项的对象。Vue 实例将会在实例化时调用 $watch()，遍历 watch 对象的每一个属性。

提示：不应该使用箭头函数来定义 watch 函数。

代码如下：

```
<!DOCTYPE html>
<html>
  <head>
    <meta charset="utf-8">
    <title>watch</title>
    <script src="vue.js" type="text/javascript" charset="UTF-8"></script>
  </head>
<body>
    <div id="app">
        <button @click="a--">a 减去 1</button>
        <p>{{ message }}</p>
    </div>
 <script type="text/javascript">
   var vm=new Vue({
     el: '#app',
     data: {
       a: 2,
       message:''
     },
     watch: {
       a: function(val, oldVal){
          this.message = 'a 的旧值为' + oldVal + ', 新值为' + val;
       }
     }
   })
 </script>
```

```
    </body>
</html>
```

运行的效果如图 4-7 所示。

图 4-7 watch 运行效果图

在上面所显示的代码中,当 a 的值发生变化时,通过 watch 的监控,message 输出相应的内容。

除了使用数据选项中的 watch 方法以外,还可以使用实例对象的$watch(),该方法的返回值是一个取消观察函数,用来停止触发回调。代码如下:

```
<!DOCTYPE html>
<html>
  <head>
   <meta charset="utf-8">
   <title>watch</title>
   <script src="vue.js" type="text/javascript" charset="UTF-8"></script>
  </head>
  <body>
    <div id="app">
      <button @click="a--">a 减 1</button>
      <p>{{ message }}</p>
    </div>
  <script type="text/javascript">
    var vm = new Vue({
      el: '#app',
      data: {
        a: 10,
        message:''
      }
    })
    var unwatch = vm.$watch('a',function(val,oldVal){
      if(val === 1){
        unwatch();
      }
      this.message = 'a 的旧值为' + oldVal + ',新值为' + val;
    })
  </script>
  </body>
</html>
```

在上面的代码中,当 a 的值更新到 1 时,触发 unwatch()来取消观察。单击按钮时,a 的值仍然会变化,但是不再触发 watch 的回调函数。

4.2 模板渲染

如今,几乎所有的框架都已经认同一个说法——DOM 应尽可能是一个函数式到状态的映射。状态即是唯一的"真相",而 DOM 状态只是数据状态的一个映射。DOM 所有的逻辑应尽可能在状态的层面去进行,当状态改变的时候,View 应该是在框架帮助下自动更新到合理的状态,而不是当开发者观测到数据变化后手动选择一个元素,再命令式地去改动它的属性。下面开始讲述模板渲染。

4.2.1 条件渲染

条件渲染分为两种:一种是 v-if,另一种是 v-show。v-if 又分为单路分支、双路分支和多路分支。只有 if 后面的值为 true 时才会有 DOM 元素,为 false 时不会有 DOM 元素。

1. v-if 方式渲染

1) v-if

在<template>中配合 v-if 渲染,在使用 v-if 控制元素的时候,需要将它添加到这个元素上。然而,如果需要切换很多元素时,一个个添加较为麻烦。这时,就可以使用<template></template>将一组元素进行包裹,并在前面<template>使用 v-if。注意,最终的渲染结果不会包含<template>元素。

```
<!DOCTYPE html>
<html>
  <head>
    <meta charset="utf-8">
    <title>练习</title>
    <script src="vue.js" type="text/javascript" charset="UTF-8"></script>
  </head>
<body>
  <div id="app">
    <template v-if="yes">
      <h2>Vue</h2>
      <p>聚慕课1</p>
      <p>聚慕课2</p>
    </template>
  </div>
  <script type="text/javascript">
    var vm=new Vue({
      el:'#app',
      data:{
        yes:true
      }
    });
  </script>
</body>
</html>
//更改 yes 的值,就可以控制整组的元素了
```

运行的效果如图 4-8 所示。

图 4-8　v-if 运行效果图

2）v-else

v-else：可以使用 v-else 来表示 v-if 的 "else 块"。代码如下：

```
<!DOCTYPE html>
<html>
  <head>
    <meta charset="utf-8">
    <title>练习</title>
    <script src="vue.js" type="text/javascript" charset="UTF-8"></script>
  </head>
<body>
    <div id="app">
      <div v-if="yes">
        you see me
      </div>
      <div v-else>
        you don't
      <div></div>
  <script type="text/javascript">
    var vm = new Vue({
      el:'#app',
      data:{
        yes:false
      }
    });
  </script>
</body>
</html>
```
更改 yes 的值为 true，可以看到 you see me；值为 false，可以看到 you don't

运行的效果如图 4-9 所示。

图 4-9　v-else 运行效果图

提示：v-else 元素必须紧跟在 v-if 或者 v-else-if 元素的后面，否则它将不会被识别。

3）v-else-if

v-else-if：充当 v-if 的 "else-if 块"，可以链式地使用多次。代码如下：

```
<div>
    <p v-if="number>=85">优秀</p>
    <p v-else-if="number>=60">及格</p>
    <p v-else="number<60">不及格</p>
</div>
```

提示：类似于v-else，v-else-if必须紧跟在v-if或者v-else-if元素后面。

2. v-show方式渲染

另一个用于根据条件展示元素的是v-show指令，用法与v-if大致相同。代码如下：

```
<h1 v-show="ok">Hello!</h1>
<script>
  data:{
    ok:false
  }
</script>
```

提示：不同的是，带有v-show的元素始终会被渲染并保留在DOM中。v-show是简单地切换元素的CSS属性display，例如 。v-show有较高的初始渲染性能消耗，v-if有更高的切换性能消耗。在项目中建议，如果需要非常频繁地切换，则使用v-show较好；如果在运行时条件很少改变，则使用v-if较好。

4.2.2 列表渲染

列表渲染：用v-for指令根据一组数组的选项列表进行渲染。v-for指令需要采用item in items形式的特殊语法，其中items是源数据数组且是数组元素迭代的别名。

代码如下：

```
<div class="app">
  <ul>
    <li v-for="item in items">{{item.text}}</li>
  </ul>
</div>
<script>
  data:{
    items:[
      {text:"name"},
      {text:"age"},
      {text:"like"}
    ]
  }
</script>
```

渲染结果如下所示。

```
<div class="exp">
  <ul>
    <li>name</li>
    <li>age</li>
    <li>like</li>
  </ul>
</div>
```

v-for还支持一个可选的第二个参数为当前项的索引。代码如下：

```
<div class="exp">
  <ul>
    <li v-for="item,index in items">{{index}}-{{item.text}}</li>
  </ul>
</div>
```

```
<script>
  var exp=new Vue({
    el:".exp",
    data:{
      items:[
        {text:'name'},
        {text:'age'},
        {text:'like'}
      ]
    }
  })
</script>
```

运行的效果如图 4-10 所示。

图 4-10　v-for 运行效果图（一）

可以使用 v-for 通过一个对象的属性来迭代。代码如下：

```
<div class="app">
  <ul>
    <li v-for="value in obj">{{value}}</li>
  </ul>
</div>
<script>
  var vm=new Vue({
    el:".app",
    data:{
      obj:{
        firstname:"欧阳",
        lastname:"静静",
        age:18
      }
    }
  })
</script>
```

运行的效果如图 4-11 所示。

图 4-11　v-for 运行效果图（二）

当 v-for 与 v-if 一起使用时，v-for 具有比 v-if 更高的优先级，这意味着 v-if 将分别重复运行于每个 v-for

循环中。为某些项目渲染节点时，运用 v-for 与 v-if 较多。代码如下：

```
<li v-for="todo in todos" v-if="!todo.isComplete">
   {{ todo }}
</li>
```

而如果想要有条件地跳过循环执行，那么可以将 v-if 置于外层元素（或<template>）上。代码如下：

```
<ul v-if="todos.length">
   <li v-for="todo in todos">
   {{ todo }}
   </li>
</ul>
<p v-else>No todos!</p>
```

在 Vue 2.2.0 以上的版本中，如果要在组件中使用 v-for，必须使用 key。代码如下：

```
<my-component v-for="(item,index) in itmes" v-bind:key="index"></my-component>
```

虽然在自定义组件中可以使用 v-for，但是，v-for 不能自动传递数据到组件中，因为组件有自己独立的作用域。为了传递迭代数据到组件中，需要使用 props。代码如下：

```
<my-component v-for="(item,index) in items" v-bind:key="index" :lie="item.text"></my-component>
<script>
   Vue.component('mycom', {
      template: "<p>{{this.lie}}</p>",
      props:["lie"]
   })
   var exp=new Vue({
      el:".exp",
      data:{
        items:[
           {text:'1'},
           {text:'2'},
           {text:'3'},
           {text:'4'}
        ]
      }
   })
</script>
```

下面用详细的代码介绍列表渲染。

```
<!DOCTYPE html>
<html lang="en">
<head>
<meta charset="UTF-8">
<meta name="viewport" content="width=device-width, initial-scale=1.0">
<meta http-equiv="X-UA-Compatible" content="ie=edge">
<title>列表渲染</title>
<script src="vue.js"></script>
<script>
      window.onload = function(){
        var vm = new Vue({
           el:'.box',
           data:{
```

```
        dataList:['1','2','3','4','5','6'],
        newObj:{
          "name":"lili",
          "age":20
        },
        objDataList:[
        {
        "name":"wangwu",
        "age":18
        },
        ]}
      })
    }
  </script>
</head>
<body>
  <div class="box">
    <ul>
      <!-- v-for 列表数据 -->
      <li v-for="(item,index) in dataList">{{index}}---{{item}}</li>
      <li v-for="item in dataList">{{item}}</li>
      <!-- 对象 -->
      <li v-for="(value,key) in newObj">{{key}}-------{{value}}</li>
      <li v-for="value in newObj">{{value}}</li>
      <!-- 字典形式 -->
      <li v-for="datadict in objDataList">{{datadict}}</li>
      <li v-for="datadict in objDataList">{{datadict.name}}</li>
      <li v-for="datadict in objDataList">{{datadict.age}}</li>
    </ul>
    <div v-for="item in dataList">div: {{item}}</div>
  </div>
</body>
</html>
```

Vue 的列表渲染其实就是通过指令 v-for 将一组数据渲染到页面中，这一组数据可以是数组，抑或是对象。

4.2.3　前后端渲染对比

早期的 Web 项目一般是在服务器端进行渲染，服务器进程从数据库获取数据后，利用后端模板引擎，甚至直接在 HTML 模板中嵌入后端语言（例如 JSP），将数据加载进来生成 HTML，然后通过网络传输到用户的浏览器中，被浏览器解析成可见的页面。而前端渲染则是在浏览器中利用 JS 把数据和 HTML 模板进行组合。两种方式各有自己的优缺点，需要根据自己的业务场景来选择技术方案。

前端渲染的优点在于：①业务分离，后端只需要提供数据接口，前端在开发时也不需要部署对应的后端环境，通过一些代理服务器工具就能远程获取后端数据进行开发，能够提升开发效率；②计算量转移，原本需要后端渲染的任务转移给了前端，减轻了服务器的压力。

后端渲染的优点在于：①对搜索引擎友好；②首页加载时间短，后端渲染加载完成后就直接显示 HTML，但前端渲染在加载完成后还需要有一段 JS 渲染的时间。

4.3 extend 的用法

extend：局部注册时应用。注意，extend 创建的是一个组件构造器，而不是一个具体的组件实例。因此，不能直接在 new Vue()中使用 new Vue({components:fun})，而是需要通过 Vue.components()注册才可以使用。

代码如下：

```html
<!DOCTYPE html>
<html>
  <head>
    <meta charset="utf-8">
    <title>extend 练习</title>
    <script src="vue.js" type="text/javascript" charset="UTF-8"></script>
  </head>
<body>
    <div id="app">
      <todo :todo-data="groceryList"></todo>
    </div>
</body>
<script type="text/javascript"></script>
<script>
/**
*请注意，extend 创建的是一个组件构造器，而不是一个具体的组件实例
*所以不能直接在 new Vue()中使用 new Vue({components:fun})
*最终还是要通过Vue.components()注册才可以使用
*/
//构建一个子组件
var todoItem = Vue.extend({
  template: ' <li> {{ text }} </li> ',
  props: {
    text: {
      type: String,
      default:''
    }
  }
})
//构建一个父组件
var todoWarp = Vue.extend({
  template: '
    <ul>
      <todo-item v-for="(item,index) in todoData" v-text="item.text"></todo-item>
    </ul>
    ',
  props:{
    todoData:{
      type: Array,
      default: []
    }
  },
  //局部注册子组件
  components: {
    todoItem: todoItem
  }
})
```

```
//注册到全局
Vue.component('todo', todoWarp)
    new Vue({
      el: '#app',
      data: {
        groceryList: [
          { id: 0, text: '苹果' },
          { id: 1, text: '梨子' },
          { id: 2, text: '食物' }
        ]
      }
    })
</script>
</html>
```

运行的效果如图 4-12 所示。

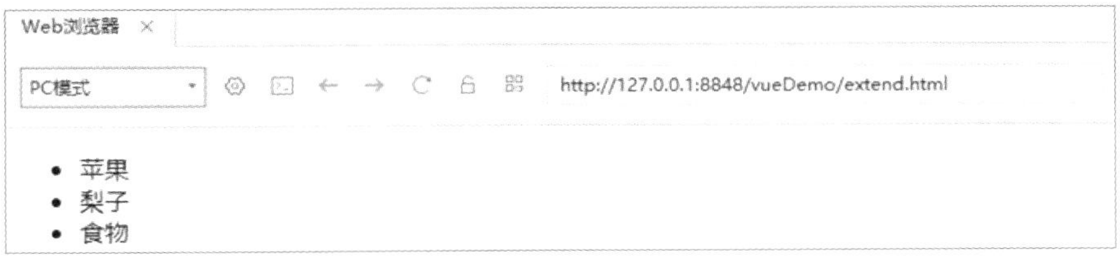

图 4-12 extend 运行效果图（一）

在实例化 extend 组件构造器时，传入属性必须是 propsData，而不是 props。另外，无论是 Vue.extend() 还是 Vue.component() 中的 data 定义都必须是函数返回对象，如 Vue.extend({data:function(){return{}}})。

此外，使用 new Vue() 可以直接对 data 设置对象，如 new Vue({data: {}})。代码如下：

```
<!DOCTYPE html>
<html>
  <head>
    <meta charset="utf-8">
    <title>extend 练习</title>
    <script src="vue.js" type="text/javascript" charset="UTF-8"></script>
  </head>
<body>
  <div id="todoItem"></div>
</body>
<script type="text/javascript"></script>
<script>
  //局部注册组件
  var todoItem = Vue.extend({
    data: function(){
      return {
        todoData: [
          { id: 0, text: '食物' },
          { id: 1, text: '水果' },
          { id: 2, text: '梨子' }
        ]
      }
    },
  template: '
    <ul>
```

```
          <li v-for='(d,i) in todoData' :key="i">
            {{ d.text }}
          </li>
        </ul>'
      });
//请注意，在实例化extend组件构造器时，传入属性必须是propsData，而不是props
      new todoItem({
        propsData: {
          todoData: [
            { id: 0, text: '食物' },
            { id: 1, text: '水果' },
            { id: 2, text: '梨子' }
          ]
        }
      }).$mount('#todoItem')
    </script>
</html>
```

运行的效果如图 4-13 所示。

图 4-13 extend 运行效果图（二）

4.4 就业面试技巧与解析

学完本章内容，会对 Vue 的实例及选项、数据方法、模板渲染及 extend 的用法等有所了解。下面会对面试过程中出现的问题进行解析，更好地帮助读者学习。

4.4.1 面试技巧与解析（一）

面试官：computed、methods、watch 的区别？

应聘者：

（1）computed：计算属性是用来声明式地描述一个值依赖了其他的值。当在模板中把数据绑定到一个计算属性上时，Vue 会在其依赖的任何值导致该计算属性改变时更新 DOM。这个功能是非常强大的，它可以让代码更加声明式、数据驱动且易于维护。

（2）methods：methods 函数绑定事件调用，不会使用缓存。

（3）watch：监听的是定义的变量。当定义变量的值发生变化时，调用对应的方法。在<div>中编写一个表达式 name，在 data 中写入 num 和 lastname、firstname。在 watch 中，当 num 的值发生变化时，就会调用 num 的方法，方法里面的形参对应的是 num 的新值和旧值，而在 computed 中，计算的是 name 依赖的值，它不能计算在 data 中已经定义过的变量。

4.4.2 面试技巧与解析（二）

面试官：Vue 的响应式原理是什么？

应聘者：

当一个 Vue 实例创建时，Vue 会遍历 data 选项的属性，用 Object.defineProperty 将它们转为 getter/setter，并在内部追踪相关依赖，在属性被访问和修改时通知变化。每个组件实例都有相应的 watcher 实例，它会在组件渲染的过程中把属性记录为依赖，然后当依赖项的 setter 被调用时，会通知 watcher 重新计算，从而使它关联的组件得以更新。

第 5 章

Vue 数据及事件绑定

 本章概述

本章主要讲解 Vue.js 的数据绑定，为后面更加深入地学习做铺垫、为使用 Vue.js 前端框架开发项目奠定基础。通过本章内容的学习，读者可以了解 Vue.js 数据绑定、事件绑定与监听、class 与 style 的绑定及绑定的内联样式等内容。

 本章要点

- Vue.js 的数据绑定。
- Vue.js 的事件绑定与监听。
- Vue.js 的表单控件绑定。
- Vue.js 的 class 与 style 绑定。
- Vue.js 的计算属性。
- Vue.js 的绑定内联样式。

5.1 数据绑定

Vue.js 最显著的特点就是响应式和数据驱动，也就是将 Model 和 View 进行单向绑定或者双向绑定。下面开启 Vue 数据绑定的学习之旅。

5.1.1 数据绑定的方法

数据绑定可简单地分为单向数据绑定和双向数据绑定，下面进入对这两种数据绑定方法深层的学习。

1. 单向绑定

单向绑定：把 Model 绑定到 View 后，当用 JavaScript 代码更新 Model 时，View 就会自动更新。因此，我们不需要进行额外的 DOM 操作，只需要进行 Model 操作就可以实现视图的联动更新。

单向数据绑定的实现思路具体如下。
（1）所有数据只保存一份。
（2）一旦数据变化，就去更新页面（只有 data→DOM，没有 DOM→data）。
（3）若用户在页面上做了更新，就手动收集（双向绑定是自动收集），合并到原有的数据中。
接下来，讲解几个单向绑定的案例。

1）插值绑定

文本插值绑定是数据绑定的最基本形式，用双大括号 "{{ }}" 实现，这种语法在 Vue 中称为 Mustache 语法。插值形式就是{{data}}的形式，它使用的是单向绑定。首先定义一个 JavaScript 对象作为 Model，并且把这个 Model 的两个属性绑定到 DOM 节点上。代码如下：

```
<!DOCTYPE html>
<html>
  <head>
    <meta charset="utf-8">
    <title>插值绑定练习</title>
    <script src="vue.js" type="text/javascript" charset="UTF-8"></script>
  </head>
<body>
  <div id="app">
      {{num}}
  </div>
  <script type="text/javascript">
  var vm = new Vue({
    el: '#app',
    data: {
      num: '学习Vue'
    }
  })
  </script>
</body>
</html>
```

运行的效果如图 5-1 所示。

图 5-1 插值运行效果图

提示：Vue 实例就是 ViewModel 的代理对象。在上述代码中，el:指定要把 Model 绑定到 id 为 app 的 DOM 节点上；data:指定 Model，初始化 Model 的属性 num，在 View 内部的<div>节点上可以直接用{{num}}引用 Model 的某个属性。简单来说，代码<div></div>中的{{num}}就相当于 View，data 中的 num: '学习 Vue' 就相当于是一个 Model。

创建一个 Vue 实例，Vue 可以自动把 Model 的状态映射到 el 指定的 View 上，并且实现绑定，这样我们就可以通过对 Model 的操作来实现对 DOM 的联动更新。例如，打开浏览器，在控制台中输入 vm.num='Vue'，执行上述代码，可以观察到页面立刻发生了变化，原来的'学习 Vue'自动变成了'Vue'。Vue 作为 MVVM 框架会自动监听 Model 的任何变化，在 Model 数据变化时更新 View 的显示，这种 Model 到 View 的绑定就是单向绑定。

2）v-bind 绑定

如果 HTML 的某些属性可以支持单向绑定，我们只需要在该属性前面加上 v-bind 指令，这样 Vue 在解析时会识别出该指令，将属性值跟 Vue 实例的 Model 进行绑定。以后，我们就可以通过 Model 来动态地操作该属性，从而实现 DOM 的联动更新。例如，<p class="jumooc">，<p>中 class 样式指定的值为 jumooc，它是一个静态的属性值，如果想使该属性值跟 Model 进行一个绑定，只需要加上一个 v-bind 指令，如<p v-bind:class="jumooc">。绑定后，jumooc 不再是一个静态的字符串，而是 Vue 实例中的 data.jumooc 变量，也就是它跟 Model 的 jumooc 进行了绑定，所以我们可以通过操作 Model 的 jumooc 来实现对 View 的 class 属性动态更新，从而实现 View 的动态更新。

代码如下：

```
<!DOCTYPE html>
<html>
  <head>
    <meta charset="utf-8">
    <title>v-bind 练习</title>
    <script src="vue.js" type="text/javascript" charset="UTF-8"></script>
  </head>
<body>
  <div id="app">
    <p v-bind:class="jumooc">Hello, {{name}}</p>
  </div>
  <script type="text/javascript">
    var vm = new Vue({
      el: '#app',
      data: {
        name: 'Vue之旅',
        jumooc: 'red'
      }
    });
  </script>
  <style>
    .red {
      background: red;
    }
    .blue {
      background: blue;
    }
  </style>
</body>
</html>
```

运行的效果如图 5-2 所示。

图 5-2　v-bind 运行效果图

提示：如上面代码所示，vm.jumooc 的初始值为'red'，此时<p>的 style 属性对应的是.red，故背景为红色；若在浏览器的控制台中输入 vm.classed='bule'，此时背景就自动变成了蓝色。可以看到，通过对 class 属性进行绑定，我们就可以动态地改变 class 对应的样式。这都是通过对 Model 的操作完成的，没有进行任何 DOM 操作。

2. 双向绑定

双向绑定：是指 HTML 标签数据绑定到 Vue 对象，另外反方向数据也是绑定的。简单地说，Vue 对象的改变会直接影响 HTML 标签的变化，而且标签的变化也会反过来影响 Vue 对象的属性变化。这样就会彻底改变以前 DOM 的开发方式。以前 DOM 驱动的开发方式（尤其是以 jQuery 为主的开发时代）都是 DOM 变化后触发 JS 事件，在事件中通过 JS 代码获取标签的变化，再与后台进行交互，然后根据后台返回的结果更新 HTML 标签，比较烦琐。有了 Vue 的双向绑定，开发者只需要关心 JSON 数据的变化即可，Vue 自动映射到 HTML 上，而且 HTML 的变化也会映射回 JS 对象上；同时，开发方式直接变革成了前端由数据驱动，远远抛弃了由 DOM 驱动主导的开发时代。

Vue 框架的核心功能就是双向的数据绑定。简单来说，双向绑定就是把 Model 绑定到 View 的同时也将 View 绑定到 Model 上，这样既可以通过更新 Model 来实现 View 的自动更新，也可以通过更新 View 来实现 Model 数据的更新。因此，当我们用 JavaScript 代码更新 Model 时，View 就会自动更新；反之，如果更新 View，Model 的数据也会自动被更新。

在 Vue 中只有表单元素能够创建双向的绑定，可以用 v-model 指令在表单<input>、<textarea>及<select>元素上创建双向数据绑定。例如，在相应的位置上只要输入 v-model="需要绑定的数据"后，数据就可以进行 Model→View 和 View→Model 的绑定。

代码如下：

```
<!DOCTYPE html>
<html>
  <head>
    <meta charset="utf-8">
    <title>双向绑定</title>
    <script src="vue.js" type="text/javascript" charset="UTF-8"></script>
  </head>
  <body>
    <form id="app" action="#">
      <p><input v-model="name"></p>
      <p><input v-model="age"></p>
    </form>
    <script type="text/javascript">
      var vm = new Vue({
        el: '#app',
        data: {
          name: 'lili',
          age: '18'
        }
      });
    </script>
  </body>
</html>
```

运行的效果如图 5-3 所示。

图 5-3　v-model 运行效果图

可以在图 5-3 的表单中输入内容，然后在浏览器控制台中用 vm.$data 查看 Model 的内容，也可以用 vm.name 查看 Model 的 name 属性，它的值和表单对应的<input>中的内容是一致的。如果在浏览器控制台中用 JavaScript 更新 Model（例如，执行 vm.name='lili'），表单对应的<input>内容就会立刻更新。可以看到，通过 v-model 实现了表单数据和 Model 数据的双向绑定。

5.1.2　计算属性

在进行数据绑定的时候，对数据要进行一定的处理才能展示到 HTML 页面上。虽然 Vue 提供了非常好的表达式绑定方法，但是只能应对低强度的需求。例如，把一个日期按照规定格式进行输出，可能就需要对日期对象做一些格式化。Vue 提供的计算属性（computed）允许开发者编写一些方法，协助进行绑定数据的操作。这些方法可以跟 data 中的属性一样用，注意用的时候不要加 "()"。

代码如下：

```
<!DOCTYPE html>
<html>
  <head>
    <meta charset="utf-8">
    <title>计算属性</title>
    <script src="vue.js" type="text/javascript" charset="UTF-8"></script>
  </head>
<body>
  <div id="app">
    <table>
      <tr>
        <!-- computed 中的函数可以直接当成 data 中的属性用，非常方便，注意没有括号！！！-->
        <td>生日: </td><td>{{ getBirthday }}</td>
      </tr>
      <tr>
        <td>年龄: </td><td>{{ age }}</td>
      </tr>
      <tr>
        <td>地址: </td><td>{{ address }}</td>
      </tr>
    </table>
  </div>
    <script type="text/javascript">
      var vm = new Vue({
        el: '#app',
        data: {
          birthday: 1014228510514,      //这是一个日期对象的值: 2002 年 1 月 4 日
          age: 18,
```

```
        address: '北京海淀区'
      },
      computed: {
        //把日期转换成常见格式的字符串
        getBirthday: function(){
          var m = new Date(this.birthday);
          return m.getFullYear() + '年' + m.getMonth() +'月'+ m.getDay()+'日';
        }
      }
    });
  </script>
</body>
</html>
```

运行的效果如图 5-4 所示。

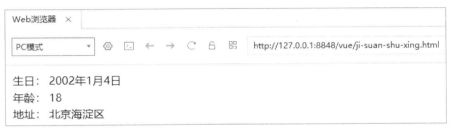

图 5-4　计算属性运行效果图

提示：模板内表达式包含复杂逻辑时，应使用计算属性。只要计算属性使用的数据不发生变化，计算属性就不会执行，而是直接使用缓存。

5.1.3　计算属性缓存

在 Vue 中，可以将同一函数定义为一个方法，而不是一个计算属性，两种方式的最终结果确实是完全相同的，只是一个使用 reverseTitle()取值、一个使用 reverseTitle 取值。不同的是，计算属性是基于它们的依赖进行缓存的，计算属性只有在它的相关依赖发生改变时才会重新求值。这就意味着，只要 title 还没有发生改变，多次访问 reverseTitle 计算属性会立即返回以前的计算结果，而不必再次执行函数。

代码如下：

```
<div>{{reverseTitle()}}</div><br>
//在组件中
methods: {
    reverseTitle: function(){
        return this.title.split('').reverse().join('')
    }
}
```

计算属性缓存最大的特点就是属性变化才执行 getter 函数，否则执行缓存默认的 true 指令打开缓存。

计算属性缓存的作用：如果频繁地使用计算属性，而计算属性方法中有大量的耗时操作（例如在 getter 中循环一个大的数组），会带来一些性能问题。计算属性缓存可用来解决该问题。

```
<template>
  <div id="app">
    <p>水果</p>
    <span>{{pear}}</span>    
```

```html
      <span>{{apple}}</span>    
      <span>{{banana}}</span>    
      <span>{{number}}</span>    
      <p style="padding:12px 0">它们是: {{result}}</p>
      <button @click="btn">输出答案</button>
    </div>
</template>
<script>
export default {
    name: "app",
    data(){
      return {
        pear: "梨子",
        apple: "苹果",
        banana: "香蕉",
        number: "水果"
      };
    },
    computed: {
      result : {                    //与不写 get、set 方法的形式有区别
        //一个计算属性的 getter
        cache: true,//打开缓存
        get : function(){     //三个值变化的时候，result 的值会自动更新，也会自动更新 DOM 结构
          return new Date().getTime()+this.pear+this.apple+this.banana+this.number
        },
        //一个计算属性的 setter
        set : function(newVal){    //当设置 result 的时候，其他值也会相应地发生改变
          this.pear= newVal.substr(0,2);
          this.apple= newVal.substr(2,2);
          this.banana= newVal.substr(4);
          this.number= newVal.substr(4)
        }
      }
    },
    methods : {
      btn(){
        this.result = "特别甜"
      }
    }
};
</script>
```

5.1.4 表单控件绑定

在前端 Web 应用中，经常会使用表单向服务端提交一些数据，而通常也会在表单项中绑定一些（如 input、change 等）事件对用户输入的数据进行校验、更新等操作。在 Vue.js 中可以使用 v-model 指令同步用户输入的数据到 Vue 实例的 data 属性中，同时会对 text、radio、checkbox、select 等原生表单组件提供一些语法支持，以使表单操作更加容易。下面将通过示例来看看如何使用 v-model 更新表单组件（在双向绑定中简单介绍过，这里进行详细说明）。

1. text

text：设置文本框 v-model 为 message。代码如下：

```html
<!DOCTYPE html>
<html>
 <head>
   <meta charset="utf-8">
   <title>text</title>
   <script src="vue.js" type="text/javascript" charset="UTF-8"></script>
 </head>
<body>
   <div id="app">
     <p>input 元素: </p>
     <input v-model="message" placeholder="请输入内容……">
     <p>消息是: {{ message }}</p>
     <p>textarea 元素: </p>
     <p style="white-space: pre">{{ message2 }}</p>
     <textarea v-model="message2" placeholder="多行文本输入……"></textarea>
   </div>
   <script type="text/javascript">
     new Vue({
       el: '#app',
       data: {
         message: 'Vue 学习',
         message2: '聚慕课\r\nhttp://www.jumooc.com'
       }
     })
   </script>
</body>
</html>
```

运行的效果如图 5-5 所示。

图 5-5　text 文本运行效果图

提示：当用户操作文本框时，vm.message 会自动更新为用户输入的值，同时文本框中的内容也会随着改变。

2. checkbox

checkbox：复选框 checkbox 在表单中会经常使用。下面我们来看看单个 checkbox 如何使用 v-model。代码如下：

```html
<!DOCTYPE html>
<html>
```

```html
<head>
    <meta charset="utf-8">
    <title>checkbox 练习</title>
    <script src="vue.js" type="text/javascript" charset="UTF-8"></script>
</head>
<body>
    <div id="app">
        <p>单个复选框: </p>
        <input type="checkbox" id="checkbox" v-model="checked">
        <label for="checkbox">{{ checked }}</label>
        <p>多个复选框: </p>
        <input type="checkbox" id="jumooc" value="学习" v-model="checkedNames">
        <label for="jumooc">jumooc</label>
        <input type="checkbox" id="baidu" value="浏览器" v-model="checkedNames">
        <label for="baidu">baidu</label>
        <input type="checkbox" id="taobao" value="购物" v-model="checkedNames">
        <label for="taobao">taobao</label>
        <br>
        <span>您选择的值为: {{ checkedNames }}</span>
    </div>
    <script type="text/javascript">
        new Vue({
            el: '#app',
            data: {
                checked : false,
                checkedNames:[]
            }
        })
    </script>
</body>
</html>
```

运行的效果如图 5-6 所示。

图 5-6　checkbox 文本运行效果图

提示：当用户勾选了复选框后，vm.checked=true（否则，vm.checked=false），label 中的值也会随着改变。

3. radio

radio：当单选按钮被选中时，v-model 中的变量值会被赋值为对应的 value 值。代码如下：

```
<!DOCTYPE html>
<html>
    <head>
```

```
    <meta charset="utf-8">
    <title>radio 练习</title>
    <script src="vue.js" type="text/javascript" charset="UTF-8"></script>
  </head>
<body>
  <div id="app">
    <input type="radio" id="flash" value="flash" v-model="Line">
    <label for="flash">飞机</label><br>
    <input type="radio" id="bus" value="bus" v-model="Line">
    <label for="bus">高铁</label><br>
    <span>Picked:{{Line}}</span>
  </div>
  <script type="text/javascript">
    var vm=new Vue({
      el:'#app',
      data:{
        Line:'快起来'
      }
    });
  </script>
</body>
</html>
```

运行的效果如图 5-7 所示。

图 5-7　radio 文本运行效果图

4. select

select：因为 select 控件分为单选和多选，所以 v-model 在 select 控件的单选和多选上会有不同的表现。代码如下：

```
<!DOCTYPE html>
<html>
  <head>
    <meta charset="utf-8">
    <title>select 练习</title>
    <script src="vue.js" type="text/javascript" charset="UTF-8"></script>
  </head>
<body>
  <div id="app">
    <select v-model="Line">
      <option selected value="apple">苹果</option>
      <option value="pear">梨子</option>
      <option value="orange">橙子</option>
    </select>
    <br/>
```

```
    <span>Selected 它们是:{{Line}}</span>
  </div>
  <script type="text/javascript">
    var vm=new Vue({
      el:'#app',
      data:{
        Line:'水果'
      }
    });
  </script>
</body>
</html>
```

运行的效果如图 5-8 所示。

图 5-8 select 文本运行效果图

提示：当被选中的 option 有 value 属性时，vm.selected 为对应 option 的 value 值，否则为对应的 text 值。

5.1.5 值绑定

通常情况下，对于 text、radio、select 组件，通过 v-model 绑定的值都是字符串。checkbox 除外，checkbox 值可能是布尔值。有时我们会有动态绑定 Vue.js 实例属性的需求，这时可以使用 v-bind 来实现这个需求（通过 v-bind 来代替直接使用 value 属性）。我们还可以绑定非字符串的值，如数值、对象、数组等。

v-model 用来在 View 与 Model 之间同步数据，但是有时候需要控制同步发生的时机，或者在数据同步到 Model 前将数据转换为 Number 类型。此时，可以在 v-model 指令所在的 form 控件上添加相应的修饰指令来实现这个需求。v-model 修饰指令有以下几个。

1. lazy

在默认情况下，v-model 在 input 中同步输入框的值与数据，可以添加一个 lazy 特性，从而改为在 change 事件中去同步。代码如下：

```
<input v-model="msg" lazy>
{{msg}}
```

2. debounce

设置一个最小的延时，在每次敲击后延时同步输入框的值到 Model 中。如果每次更新都要进行高耗操作（例如，在提示中输入 Ajax 请求），它较为有用。代码如下：

```
<input v-model="msg" debounce="300">
```

上述代码表示，在用户输入完毕 300ms 后，vm.msg 才会被更新。

提示：该指令是用来延迟同步用户输入的数据到 Model 中，并不会延迟用户输入事件的执行。因此，如果想要获取变化后的数据，应该使用 vm.$watch()来监听 msg 的变化，而不是在事件中获取最新数据。

3. number

当传给后端的字段类型必须是数值的时候，可以在 v-model 所在控件上使用 number 指令（该指令会在用户输入时被同步到 Model 中，将其转换为数值类型）。如果转换结果为 NaN，则对应的 Model 值还是用户输入的原始值。代码如下：

```
<input v-model="age" number>
```

5.2　事件绑定与监听

在 5.1 节中介绍了 Vue 的数据绑定，本节将要详细地介绍 Vue 事件绑定与监听、修饰符及它与传统事件绑定的区别。一般当模板渲染完成后，就可以进行事件的绑定与监听。v-on 指令用来监听 DOM 事件，通常在模板内直接使用。

5.2.1　方法及内联处理器

通过 v-on 绑定实例选项属性 methods 中的方法作为事件的处理器，v-on:后的参数接收所有的原生事件名称。

提示：判断是否为内联处理器，其实很好区分，一个有括号，一个没括号。没括号的就是函数名；有括号的实际是一条 JS 语句，称为内联处理器。

```html
<!DOCTYPE html>
<html>
  <head>
    <meta charset="utf-8">
    <title>内联语句</title>
    <script src="vue.js" type="text/javascript" charset="UTF-8"></script>
  </head>
<body>
  <div id="app">
    <button v-on:click = "say">SayHello</button>
  </div>
  <script type="text/javascript">
    var vm = new Vue({
        el: "#app",
        data: {
          msg:"hello Vue"
        },
        methods:{
          say:function(){
            alert(this.msg);
          }
        }
    });
 </script>
</body>
</html>
```

运行效果如图 5-9 所示。

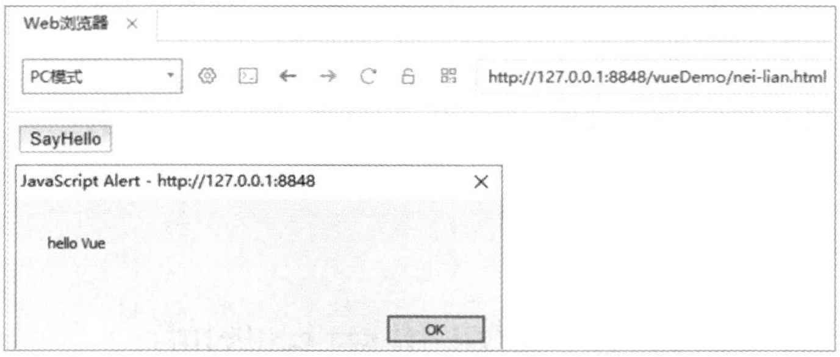

图 5-9 内联语句运行效果图（一）

提示：v-on 的缩写形式为@，例如，@click="sayHello"。v-on 支持内联 JavaScript 语句，但仅限是一条语句的情况。

```html
<!DOCTYPE html>
<html>
  <head>
    <meta charset="utf-8">
    <title>内联语句的方法 methods</title>
    <script src="vue.js" type="text/javascript" charset="UTF-8"></script>
  </head>
<body>
  <div id="app">
     <button v-on:click = "sayFrom('very good')">SayHello</button>
  </div>
  <script type="text/javascript">
  var vm = new Vue({
    el: "#app",
    data: {
      msg:"Hello Vue "
    },
    methods:{
      sayFrom:function(from){
         alert(this.msg+'is'+from);
      }
    }
  });
  </script>
</body>
</html>
```

运行效果如图 5-10 所示。

图 5-10 内联语句运行效果图（二）

提示：直接绑定 methods 函数和内联 JavaScript，都有可能需要获取原生 DOM 事件对象。单击图 5-10 中的 SayHello 按钮将弹出一个对话框，这就是绑定了一个单击事件监听，但调用的是另一个内置处理器方法 sayFrom。

```html
<!DOCTYPE html>
<html>
  <head>
    <meta charset="utf-8">
    <title>内联语句的$event</title>
    <script src="vue.js" type="text/javascript" charset="UTF-8"></script>
  </head>
<body>
<div id="app">
  <button v-on:click = "showEvent">Event</button>
  <button v-on:click = "showEvent($event)">event</button>
  <button v-on:click = "showEvent()">Say</button>
</div>
<script type="text/javascript">
  var vm = new Vue({
    el: "#app",
    methods:{
      showEvent:function(event){
        console.log(event);
      }
    }
  });
</script>
</body>
</html>
```

运行效果如图 5-11 所示。

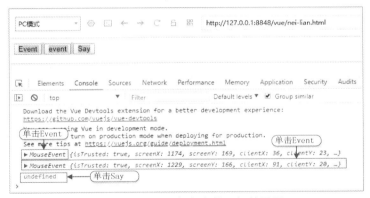

图 5-11 内联语句多事件运行效果图

提示：同一个元素上可以通过 v-on 绑定多个相同事件函数，执行顺序为顺序执行。

5.2.2 修饰符

修饰符分为两种：一种为事件修饰符；另一种为键值修饰符。下面将会介绍这两种修饰符的作用。

1. 事件修饰符

事件修饰符：在事件处理程序中调用 event.preventDefault() 或 event.stopPropagation()，是非常常见的需求。尽管可以在方法中轻松实现这点，但更好的方式是：方法只有纯粹的数据逻辑，而不是去处理 DOM 事件细节。

（1）.stop：调用 event.stopPropagation()。阻止单击事件继续传播，代码如下：

```
<a v-on:click.stop="vue"></a>
```

（2）.prevent：调用 event.preventDefault()。

```
<!-- 提交事件不再重载页面 -->
<form v-on:submit.prevent="Submit"></form>
<!-- 修饰符可以串联 -->
<a v-on:click.stop.prevent="doThat"></a>
<!-- 只有修饰符 -->
<form v-on:submit.prevent></form>
```

（3）.caputure：使用 capture 模式添加事件监听器。添加事件监听器时使用事件捕获模式，即元素自身触发的事件先在此处理，然后才交由内部元素进行处理。

```
<div v-on:click.capture="vue">…</div>
```

（4）.self：只当事件是从监听元素本身触发时才触发调回，即事件不是从内部元素触发的。

```
<div v-on:click.self="vue">…</div>
```

（5）.once：单击事件将只会触发一次。

```
<a v-on:click.once="vue"></a>
```

（6）.passive：滚动事件的默认行为（即滚动行为）将会立即触发，而不会等待 onScroll 完成，这其中包含 event.preventDefault()的情况。

```
<div v-on:scroll.passive="onScroll">…</div>
```

使用修饰符时，顺序很重要，相应的代码会以同样的顺序产生。因此，用@click.prevent.self 会阻止所有的单击，而@click.self.prevent 只会阻止元素上的单击。

2. 键值修饰符

在监听键盘事件时，我们经常需要检测 keyCode。Vue.js 允许为 v-on 添加按键修饰符。

```
<!-- 只有在 keyCode 为 20 时调用 vm.submit() -->
<input v-on:keyup.20="submit">
```

记住所有的 keyCode 比较困难，Vue.js 为最常用的按键提供了别名。

```
<!-- 只有在 keyCode 为 vue 时调用 vm.submit() -->
<input v-on:keyup.vue="submit">
<!-- 缩写语法 -->
<input @keyup.vue="submit">
```

全部的按键别名有如下几个。

```
.enter
.tab
.delete(捕获"删除"和"退格"键)
.esc
.space
.down
.up
.left
.right
```

在 Vue 中，可以通过全局 config.keyCodes 对象自定义键值修饰符别名。

```
//可以使用 v-on:keyup.
```

```
Vue.config.keyCodes.vue = hello
```

5.2.3 与传统事件绑定的区别

与传统事件绑定的区别有如下几点。

（1）无须手动管理事件。ViewModel 被销毁时，所有的事件处理器都会自动被删除，重新获取 DOM 绑定事件，然后在特定情况下解绑，最后解脱出来。

（2）解耦。ViewModel 代码是纯粹的逻辑代码，和 DOM 无关，有利于将代码逻辑写成自动化测试用例。

（3）Vue.extend()。为了重复使用子组件，Vue.js 提供了 Vue.extend(options)方法创建基础 Vue 构造器的"子类"，参数 options 对象和直接声明 Vue 实例参数对象基本一致。

```
<!DOCTYPE html>
<html>
  <head>
    <meta charset="utf-8">
    <title>练习</title>
    <script src="vue.js" type="text/javascript" charset="UTF-8"></script>
  </head>
<body>
  <div id="app">
    <input v-model="message" placeholder="edit">
    <p>Message is: {{ message }}</p>
  </div>
  <script type="text/javascript">
    Child = Vue.extend({
      template:'#app',           //不同的是，data 选项需要通过函数返回值赋值，避免多个组件实例共用一个数据
      data:function(){
        return {
        }
      }
    })
    Vue.component('app',app)     //全局注册子组件
    <child…></child>             //子组件在其他组件内的调用方式
  </script>
</body>
</html>
```

运行效果如图 5-12 所示。

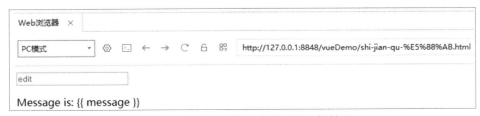

图 5-12 与传统事件绑定的区别运行效果

5.3　class 与 style 的绑定

对于数据绑定，一个常见的需求是操作元素的 class 列表和它的内联样式。因为它们都是 attribute，所以我们可以用 v-bind 处理它们。只需要计算出表达式最终的字符串，但是字符串拼接麻烦又易错。因此，在 v-bind 用于 class 和 style 时，Vue.js 专门增强了它。表达式的结果类型除了字符串以外，还可以是对象或数组。

5.3.1　绑定<html>中 class 的方式

下面介绍绑定<html>中 class 的几种方式。Vue.js 对其进行了修改，将以前使用的复杂性转变成简单、好学、易掌握。

1. 对象语法

对象语法：可以传给 v-bind:class 一个对象，以动态地切换 class。注意，v-bind:class 指令可以与普通的 class 特性共存。

语法格式如下：

```
v-bind:class="{'className1':boolean1,'className2':boolean2}"
```

示例代码如下：

```
<!DOCTYPE html>
<html>
  <head>
    <meta charset="utf-8">
    <title>v-model 练习</title>
    <script src="vue.js" type="text/javascript" charset="UTF-8"></script>
  </head>
  <style>
    div{
      width: 100px;
      height: 100px;
    }
    .class1{
      background-color: #ff0;
    }
    .class2{
      background-color:#f00;
    }
  </style>
<body>
 <div id="app" v-bind:class="{'class1':yellow,'class2':red}" v-on:click="changeColor"></div>
    <script type="text/javascript">
      var vm = new Vue({
        el:"#app",
        data:{
          yellow:true,
          red:false
        },
        methods:{
          changeColor(){
            this.yellow = !this.yellow;
```

```
          this.red = !this.red;
        }
      }
    });
  </script>
</body>
</html>
```

运行效果如图 5-13 所示。

图 5-13　绑定<html>中 class 的对象语法效果

提示：当单击颜色区域时，触发 changeColor 方法。数据的值发生变化时，class 行间属性会被切换，如图 5-13 所示。

当看到 v-bind:class="{'class1':yellow,'class2':red}"这句代码是不是就想到了直接使用一个对象替代这个键值对的写法，这当然也是可以的。代码如下：

```
<!DOCTYPE html>
<html>
  <head>
    <meta charset="utf-8">
    <title>练习</title>
    <script src="vue.js" type="text/javascript" charset="UTF-8"></script>
  </head>
  <style>
    div{
      width: 100px;
      height: 100px;
    }
    .class1{
      background-color: #ff0;
    }
    .class2{
      background-color:#f00;
    }
  </style>
<body>
```

```html
        <div id="app" v-bind:class="colorName" v-on:click="changeColor"></div>
        <script type="text/javascript">
          var vm = new Vue({
            el:"#app",
            data:{
              colorName:{
                class1:true,
                class2:false
              }
            },
            methods:{
              changeColor(){
                this.colorName.class1 = !this.colorName.class1;
                this.colorName.class2 = !this.colorName.class2;
              }
            }
          });
        </script>
      </body>
</html>
```

虽然上述两种写法不同，但是达到的效果是相同的。这两种写法中，前一种是空间复杂度大一点，后一种是时间复杂度大一点，可以根据具体需求进行应用。

2. 数组语法

数组语法：可以把一个数组传给 v-bind:class，以应用一个 class 列表。

语法格式如下：

```
v-bind:Class="[Class1,Class2]"
```

示例代码如下：

```html
<!DOCTYPE html>
<html>
  <head>
    <meta charset="utf-8">
    <title>数组语法练习</title>
    <script src="vue.js" type="text/javascript" charset="UTF-8"></script>
  </head>
<style>
  div{
    width: 100px;
    height: 100px;
  }
  .class1{
    background-color: #ff0;
  }
  .class2{
    background-color:#f00;
  }
</style>
<body>
    <div id="app" v-bind:class="[class1,class2]" v-on:click="changeColor"></div>
    <script type="text/javascript">
      var vm = new Vue({
        el:"#app",
```

```
      data:{
        class1:'class1',
        class2:''
      },
      methods:{
        changeColor(){
          this.class1 = this.class1 == '' ? 'class1' : '';
          this.class2 = this.class2 == '' ? 'class2' : '';
        }
      }
    });
  </script>
</body>
</html>
```

运行效果如图 5-14 所示。

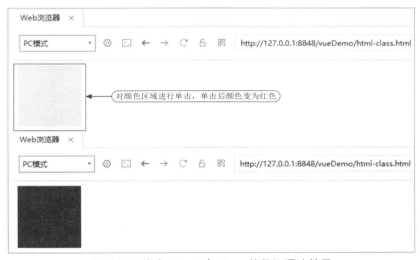

图 5-14　绑定<html>中 class 的数组语法效果

3. 在组件上的使用

下面讲解<html>中 class 绑定在组件上的使用。

代码如下：

```
<!DOCTYPE html>
<html>
  <head>
    <meta charset="utf-8">
    <title>组件</title>
    <script src="vue.js" type="text/javascript" charset="UTF-8"></script>
  </head>
<body>
  <div id="app">
    <my-component :class="{'success': isSuccess}"></my-component>
  </div>
  <script type="text/javascript">
    Vue.component('my-component',{
      template: '<div class="vue">绑定了组件 class 的属性</div>'
```

```
      });
      var vm = new Vue({
        el:'#app',
        data: {
          isSuccess: true
        }
      });
    </script>
  </body>
</html>
```

运行效果如图 5-15 所示。

图 5-15　在组件上的使用运行效果

这种用法仅适用于自定义组件的最外层是一个根元素的情况,否则会无效。当不满足这种条件或需要给具体的子元素设置类名时,应当使用组件的 props 来传递。

5.3.2　绑定内联样式

1. 对象语法

v-bind:style 的对象语法十分直观,看着非常像 CSS,其实它是一个 JavaScript 对象。CSS 属性名可以用驼峰式(camelCase)或短横(kebab-case)分隔命名。

示例代码如下:

```
<!DOCTYPE html>
<html>
  <head>
    <meta charset="utf-8">
    <title>对象练习</title>
    <script src="vue.js" type="text/javascript" charset="UTF-8"></script>
  </head>
<body>
  <div id="app" v-bind:style="{color:didiColor,fontSize:fontSize + 'px'}"></div>
  <script type="text/javascript">
    var vm = new Vue({
      el:'#app',
      data:{
        didiColor:'orange',
        fontSize:30
      }
    });
  </script>
</body>
</html>
```

通常,直接绑定到一个样式对象会更好,让模板更清晰。示例代码如下:

```
<!DOCTYPE html>
```

```
<html>
  <head>
    <meta charset="utf-8">
    <title>对象练习</title>
    <script src="vue.js" type="text/javascript" charset="UTF-8"></script>
  </head>
<body>
  <div id="app" v-bind:style="vue"></div>
  <script type="text/javascript">
    var vm = new Vue({
      el:'#app',
      data:{
        vue:{
          color:orange,
          fontSize:'13px'
        }
      }
    })
  </script>
</body>
</html>
```

提示：对象语法常常结合返回对象的计算属性使用。

2. 数组语法

v-bind:style 的数组语法可以将多个样式对象应用到一个元素上。

示例代码如下：

```
<!DOCTYPE html>
<html>
  <head>
    <meta charset="utf-8">
    <title>内联数组练习</title>
    <script src="vue.js" type="text/javascript" charset="UTF-8"></script>
  </head>
<body>
  <div v-bind:style="[baseStyles, vueStyles]">海草！海草！！！</div>
  <script type="text/javascript">
    var vm=new Vue({
      el:'#app',
      data:{
        baseStyles:{color:red'},
        vueStyles:{'font-size':'10px'}
      }
    });
  </script>
</body>
</html>
```

3. 多重值

从 Vue.js 2.3.0 开始就可以为 style 绑定中的属性提供一个包含多个值的数组，常用于提供多个带前缀的值。例如：

```
<div :style="{ display: ['-webkit-box', '-ms-flexbox', 'flex'] }"></div>
```

上述语句会渲染数组中最后一个被浏览器支持的值。在这个例子中，如果浏览器支持不带前缀的 flexbox，那么渲染结果会是 display:flex。

4. 自动添加前缀

当 v-bind:style 使用需要厂商前缀的 CSS 属性（如 transform）时，Vue.js 会自动侦测并添加相应的前缀。在 Vue.js 源码中采用 prefix 函数来完成这个功能。因为各大浏览器的私有属性不同，所以我们有时需要在样式前添加前缀，例如-webkit-（谷歌）、-ms-（微软）、-moz-（火狐）。但是在 Vue 中就无须添加，因为 Vue 会自动添加前缀。

5.4 就业面试技巧与解析

学完本章内容，会对 Vue 的数据绑定、事件绑定与监听等有一定的了解。下面对面试过程中出现的问题进行解析，更好地帮助读者学习。

5.4.1 面试技巧与解析（一）

面试官：Vue 的优缺点是什么？

应聘者：

（1）优点：

①前端专门负责前端页面和特效的编写，后端专门负责后端业务逻辑的处理；

②前端追求的是页面美观、页面流畅、页面兼容等，而后端追求的是"三高"（高并发、高可用、高性能），让它们负责各自的领域，让专业人员负责处理专业的事情，提高开发效率。

（2）缺点：

①当接口发生改变的时候，前后端都需要改变；

②当发生异常的时候，前后端需要联调。联调是非常浪费时间的。

5.4.2 面试技巧与解析（二）

面试官：Vue 中 Key 值的作用是什么？

应聘者：

使用 Key 来给每个节点做一个唯一标识，Key 的作用主要是高效地更新虚拟 DOM。另外，在 Vue 中使用相同标签名元素过渡切换时，也会使用到 Key 属性，其目的是让 Vue 可以区分它们，否则 Vue 只会替换其内部属性，而不会触发过渡效果。

第 6 章

Vue.js 过滤器

本章概述

本章主要讲解 Vue.js 的过滤器,包括 Vue.js 的全局过滤器、Vue.js 的局部过滤器、Vue.js 的 JSON、Vue.js 的双向过滤器、Vue.js 的自定义过滤器等内容。通过本章内容的学习,读者可以了解 Vue.js 过滤器的基础知识,为以后开发奠定基础。

本章要点

- Vue.js 的全局过滤器。
- Vue.js 的局部过滤器。
- Vue.js 的 JSON。
- Vue.js 的双向过滤器。
- Vue.js 的自定义过滤器。

6.1 过滤器的基本使用

Vue.js 允许自定义过滤器,可被用于一些常见的文本格式化。过滤器可以用在两个地方:双大括号插值和 v-bind 表达式(后者从 Vue.js 2.1.0 版本后开始支持)。过滤器应该被添加在 JavaScript 表达式的尾部,由"|"指示。例如:

```
<!-- 在双大括号中 -->
{{ message|myvue }}

<!-- 在 v-bind 中 -->
<div v-bind:id="rawId|formatId"></div>
```

其实 message | myvue 完全可以看成 myvue(message)。

提示:过滤器本来就是纯函数,不应该依赖于 data(){return{}}中的数据,所以在过滤器中访问 this,返回结果永远都是 undefined。

6.1.1 全局过滤器

Vue 中的过滤器分为两种:全局过滤器和局部过滤器。下面对这两种过滤器的基础用法进行介绍。

如果在各种地方都要使用一个过滤器，那就定义全局过滤器。代码如下：

```html
<!DOCTYPE html>
<html>
  <head>
    <meta charset="utf-8">
    <title>全局过滤器练习</title>
    <script src="vue.js" type="text/javascript" charset="UTF-8"></script>
  </head>
<body>
  <div id="app"></div>
  <script type="text/javascript">
    let App = {
      template:
      '<div>
        <input type="text" v-model="myText"/>
        {{ myText | myvue('Hello','Vue')}}
      </div>',
      data(){
        return {
        myText: '',
        };
      },
    }
  Vue.filter('myvue',function(val,val2,val3){
    return  val2 + val3 + ': ' + val.split('').reverse().join('');
  });
  new Vue({
    el: document.getElementById('app'),
    components: {'app': App},
    template: '<app />',
  });
  </script>
</body>
</html>
```

运行的效果如图 6-1 所示。

图 6-1　全局过滤器运行效果图

6.1.2　局部过滤器

局部过滤器的有参和无参的定义及使用方法与全局过滤器的一样。唯一的区别在于，局部过滤器是定义在 Vue 的实例中。其作用的区域也是 Vue 实例 "#app" 控制的区域。

代码如下：

```
<!DOCTYPE html>
<html>
```

```
    <head>
      <meta charset="utf-8">
      <title>局部过滤器练习</title>
      <script src="vue.js" type="text/javascript" charset="UTF-8"></script>
    </head>
<body>
    <div id="app"></div>
    <script type="text/javascript">
      let App = {
        template:
        '<div>
          <input type="text" v-model="myText"/>
          {{ myText | myvue}}
        </div>',
        data(){
          return {
            myText: '',
          };
        },
        filters: {
          myvue: function(val){
            return '我是不会变化的';
          }
        }
      }
      new Vue({
        el: document.getElementById('app'),
        components: {'app': App},
        template: '<app />',
      });
    </script>
</body>
</html>
```

运行的效果如图 6-2 所示。

图 6-2　局部过滤器运行效果图

在上述代码中，虽然已经用 v-model 对 input 进行了双向绑定，但在 input 中输入任何内容，会发现右侧的值仍为"我是不会变化的"。这说明{{ myText | myvue}}中显示的是过滤器中 myvue 函数的 return 值。下面对局部过滤器进行单个参数和多个参数情况的介绍。

（1）一个参数情况下，代码如下：

```
<!DOCTYPE html>
<html>
    <head>
      <meta charset="utf-8">
      <title>局部过滤器一个参数练习</title>
      <script src="vue.js" type="text/javascript" charset="UTF-8"></script>
```

```html
  </head>
<body>
  <div id="app"></div>
  <script type="text/javascript">
    let App = {
      template:
      '<div>
        <input type="text" v-model="myText"/>
        {{ myText | myvue}}
       </div>',
      data(){
        return{
          myText: 'abc',
        };
      },
      filters: {
        myfun: function(val){
          console.log(val);
          return val.split('').reverse().join('');
        },
      }
    }
    new Vue({
      el: document.getElementById('app'),
      components: {'app': App},
      template: '<app />',
    });
  </script>
</body>
</html>
```

运行的效果如图 6-3 所示。

图 6-3　局部过滤器一个参数运行效果图

图 6-3 中输入与输出内容相同，这说明我们完全可以把{{ myText | myvue}}看成 myvue(myText)，每改变一回 input 中的输入值，myvue 函数就执行一次。

（2）多个参数情况下，代码如下：

```html
<!DOCTYPE html>
<html>
  <head>
    <meta charset="utf-8">
    <title>局部过滤器多个参数练习</title>
    <script src="vue.js" type="text/javascript" charset="UTF-8"></script>
  </head>
<body>
  <div id="app"></div>
  <script type="text/javascript">
```

```
    let App = {
      template:
      '<div>
        <input type="text" v-model="myText"/>
        {{ myText | myvue('abc','def') }}
      </div>',
      data(){
        return {
          myText: '',
        };
      },
      filters: {
        myvue: function(val, val2, val3){
          console.log(val);
          return val2 + val3 + ': ' + val.split('').reverse().join('');
        }
      }
    }
    new Vue({
      el: document.getElementById('app'),
      components: {'app': App},
      template: '<app />',
    });
  </script>
</body>
</html>
```

运行的效果如图 6-4 所示。

图 6-4 局部过滤器多个参数运行效果图

图 6-4 中输入与输出内容正好相反，这说明我们完全可以把 {{ myText | myvue('abc','def') }} 看成 myvue(myText, 'abc','def')。

提示：当有局部和全局两个名称相同的过滤器时，会以就近原则进行调用，即局部过滤器优先于全局过滤器被调用。一个表达式可以使用多个过滤器，各过滤器间需要用"|"隔开，其执行顺序为从左到右。

6.1.3 JSON

JSON（JavaScript Object Notation）是一种轻量级的数据交换格式。JSON 是 JS 对象的字符串表示法，使用文本表示一个 JS 对象的信息，本质是一个字符串。

在 Vue 中，JSON 有 3 种用法，下面将依次进行介绍。

用法一：通过 HTTP 请求进行获取。

在 Vue 项目中创建 demo.json 文件，代码如下：

```
{
  "testData": "Hello World",
  "testArray": [a,b,c,d,e,f],
```

```
    "testObj": {
      "name": "lili",
      "age": 20
    }
}
```

在 http 中的引用，代码如下：

```
<script type="text/javascript">
   //在 http 中的引用
   methods:{
     async jsonHttpTest(){
       const res = await this.$http.get('http://localhost:8080/demo.json');
       const {testData, testArray, testObj} = res.data;
       console.log('testHttpData',testData);
       //输出'Hello World'
       console.log('testHttpArray',testArray);
       //输出[a,b,c,d,e,f]
       console.log('testHttpObj',testObj);
       //输出"name": "lili",
       //"age":20
     }
   },
   mounted(){
     this.jsonHttpTest();
   },
</script>
```

用法二：require 运行时加载。

在 Vue 项目中创建 demo.json 文件，代码如下：

```
{
  "testData": "Hello World",
  "testArray": [a,b,c,d,e,f],
  "testObj": {
    "name": "lili",
    "age": 20
  }
}
```

在 require 中的引用，代码如下：

```
<script type="text/javascript">
   //在 require 中的引用
   mounted(){
     const testJson = require('demo.json');
     const {testData, testArray, testObj} = testJson;
     console.log('testData',testData);
     //输出'Hello World'
     console.log('testArray',testArray);
     //输出[a,b,c,d,e,f]
     console.log('testObj',testObj);
     //输出"name": "lili",
     //"age":20
   }
</script>
```

用法三：import 编译时输出接口。

在 Vue 项目中创建 demo.json 文件，代码如下：

```
{
  "testData": "Hello World",
  "testArray": [a,b,c,d,e,f],
  "testObj": {
    "name": "lili",
    "age": 20
  }
}
```

在 import 中的引用，代码如下：

```
<script type="text/javascript">
//在 import 中的引用
  import testImportJson from 'demo.json'
  export default {
    data(){
      return{
        testImportJson
      }
    },
    mounted(){
      const {testData, testArray, testObj} = this.testImportJson;
      console.log('testImportData',testData);
      //输出'Hello World'
      console.log('testImportArray',testArray);
      //输出[a,b,c,d,e,f]
      console.log('testImportObj',testObj);
      //输出"name": "lili",
      //"age":20
    }
  }
</script>
```

6.1.4　currency

currency：其主要作用就是实现货币的过滤方式。

提示：自定义事件也可以用来创建自定义的表单输入组件，使用 v-model 来进行数据双向绑定。所以要让组件的 v-model 生效，它必须接收一个 value 属性，在有新的 value 时触发 input 事件。

代码如下：

```
<!DOCTYPE html>
<html>
  <head>
    <meta charset="utf-8">
    <title>currency 练习</title>
    <script src="vue.js" type="text/javascript" charset="UTF-8"></script>
  </head>
<body>
  <div id="app">
    <p>{{ message }}</p>
    <currency-input label="Price" v-model="price"></currency-input>
```

```
    <currency-input label="Shipping" v-model="shipping"></currency-input>
    <currency-input label="Handling" v-model="handling"></currency-input>
    <currency-input label="Discount" v-model="discount"></currency-input>
    <p>Total: ${{ total }}</p>
  </div>
  <script type="text/javascript">
    Vue.component('currency-input', {
      template: '\
      <div>\
        <label v-if="label">{{ label }}</label>\
        $\
        <input\
        ref="input"\
        v-bind:value="value"\
        v-on:input="updateValue($event.target.value)"\
        v-on:focus="selectAll"\
        v-on:blur="formatValue"\
        >\
      </div>\
      ',
      props: {
        value: {
          type: Number,
          default: 0
          },
        label: {
          type: String,
          default: ''
          }
      },
      mounted: function(){
        this.formatValue()
      },
      methods: {
        updateValue: function(value){
          var result = currencyValidator.parse(value, this.value)
          if(result.warning){
            this.$refs.input.value = result.value
          }
          this.$emit('input', result.value)
        },
        formatValue: function(){
          this.$refs.input.value = currencyValidator.format(this.value)
        },
        selectAll: function(event){
          setTimeout(function(){
          event.target.select()
          }, 0)
        }
      }
    })
    new Vue({
      el: '#app',
      data: {
        message: 'Hello Vue! ! ! ',
```

```
            price: 10,
            shipping: 10,
            handling: 10,
            discount: 10
        },
        computed: {
          total: function(){
            return((
            this.price * 100 +
            this.shipping * 100 +
            this.handling * 100 -
            this.discount * 10
            ) / 100).toFixed(2)
          }
        }
      })
    </script>
  </body>
</html>
```

运行的效果如图 6-5 所示。

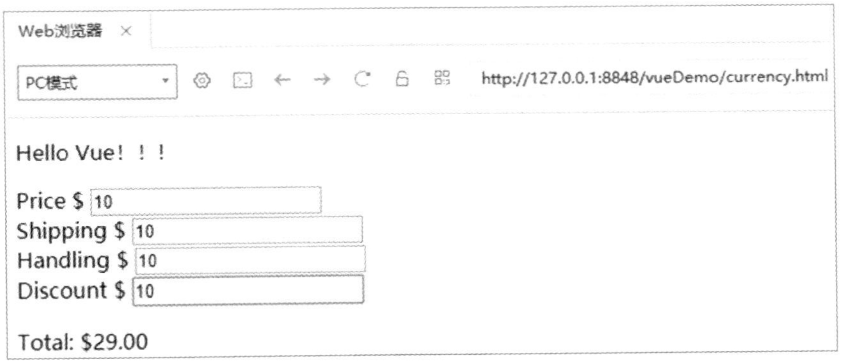

图 6-5　currency 过滤器运行效果图

6.2　双向过滤器

普通过滤器用在一般的元素上，数据由 Model 层到 View 层，只可以读。双向过滤器用在表单元素上，数据双向流动，可以又读又写。如果在表单元素上用一般的过滤器就会出现问题。

代码如下：

```
<!DOCTYPE html>
<html>
  <head>
    <meta charset="utf-8">
    <title>双向过滤器练习</title>
    <script src="vue.js" type="text/javascript" charset="UTF-8"></script>
  </head>
  <body>
    <div id="app">
      <input type="text" v-model=" message | filterHtml ">
```

```
    <br>
    <label v-html="message"></label>
  </div>
  <script type="text/javascript">
    new Vue({
      el:'#app',
      data:{
        message:'<strong>这是段文字！</strong>'           //定义一段文字
        }
    });
    Vue.filter('filterHtml',{
      read:function(val){                                //val 就是获取 message 的值
        return val.replace(/<[^>]*>/g);                  //去除文字的<…></…>标签
      },
      write:function(){
        return val;
      }
    });
  </script>
</body>
</html>
```

运行的效果如图 6-6 所示。

图 6-6 双向过滤器运行效果图

6.3 自定义过滤器

过滤器的作用就是实现数据的筛选、过滤、格式化。下面介绍自定义过滤器。

（1）过滤器创建：创建过滤器的本质是一个有参数、有返回值的方法。

```
new Vue({
  filters:{
    myCurrency:function(myInput){
    return 处理后的数据
    }
  }
})
```

（2）过滤器使用。语法格式如下：

```
<any>{{表达式 | 过滤器}}</any>
```

例如：

```
<h1>{{pear | myApple}}</h1>
```

（3）过滤器高级用法：在使用过滤器的时候，还可以指定参数来告知过滤器按照参数进行数据的过滤。

①如何给过滤器传参？例如：

```
<h1>{{pear| myApple('￥',true)}}</h1>
```

②如何在过滤器中接收到？例如：

```
//myInput 为通过管道传来的数据
//arg1 为调用过滤器时在圆括号中的第一个参数
//arg2 为调用过滤器时在圆括号中的第二个参数
new Vue({
    filters:{
      myCurrency:function(myInput,arg1,arg2){
        return 处理后的数据
      }
    }
})
```

案例一：具体代码如下。

```
<!DOCTYPE html>
<html>
  <head>
    <meta charset="utf-8">
    <title>自定义过滤器练习</title>
    <script src="vue.js" type="text/javascript" charset="UTF-8"></script>
  </head>
<body>
  <div id="app">
    <p>{{message}}</p>
    <h3>{{price}}</h3>
    <h2>{{price | myCurrency('￥')}}</h2>
  </div>
  <script type="text/javascript">
    //创建过滤器
    new Vue({
      el: '#app',
      data: {
        message: 'Hello Vue！！！',
        price:339
      },
    //过滤器的本质就是一个有参数、有返回值的方法
      filters:{
        myCurrency:function(myInput,arg1){
        console.log(arg1);
          //根据业务需要，对传来的数据进行处理，并返回处理后的结果
          var result = arg1+myInput;
          return result;
        }
      }
    })
  </script>
</body>
</html>
```

运行的效果如图 6-7 所示。

图 6-7　自定义过滤器案例一运行效果图

提示：①全局方法 Vue.filter()注册一个自定义过滤器，必须放在 Vue 实例化前面。②过滤器函数始终以表达式的值作为第一个参数。带引号的参数视为字符串，而不带引号的参数按表达式计算。③可以设置两个过滤器参数，前提是这两个过滤器的处理不冲突。④用户从 input 输入的数据在回传到 Model 以前也可以先处理。

案例二：将字符串转为大写，具体代码如下。

```html
<!DOCTYPE html>
<html>
  <head>
    <meta charset="utf-8">
    <title>自定义过滤器练习</title>
    <script src="vue.js" type="text/javascript" charset="UTF-8"></script>
  </head>
<body>
  <div id="app">
    {{ message | vue}}
  </div>
  <script type="text/javascript">
  new Vue({
    el: '#app',
    data: {
      message: 'vue'
    },
    filters: {
      vue: function(value){
        if(!value) return '';
        value = value.toString();
        return value.toUpperCase();
      }
    }
  })
  </script>
</body>
</html>
```

运行的效果如图 6-8 所示。

图 6-8　自定义过滤器案例二运行效果图

提示：过滤器可以串联，如{{ message | filterA | filterB }}。过滤器是 JavaScript 函数，因此可以接收参数：{{ message | filterA('arg1', arg2) }}。

6.4 就业面试技巧与解析

学完本章内容，会对 Vue 的全局过滤器、局部过滤器、JSON、双向过滤器及自定义过滤器等有所了解。下面会对面试过程中出现的问题进行解析，更好地帮助读者学习。

6.4.1 面试技巧与解析（一）

面试官：在 Vue 中做数据渲染的时候，如何保证将数据原样输出？

应聘者：

（1）v-text：将数据输出到元素内部，如果输出的数据有 HTML 代码，会作为普通文本输出。

（2）v-html：将数据输出到元素内部，如果输出的数据有 HTML 代码，会被渲染。

（3）{{ }}：插值表达式，可以直接获取 Vue 实例中定义的数据或函数。使用插值表达式的时候，值可能闪烁；而使用 v-html、v-text 时不会闪烁，有值就显示，没有值就会被隐藏。

6.4.2 面试技巧与解析（二）

面试官：使用 Vue 的好处是什么？

应聘者：

Vue 两大特点：响应式编程、组件化。

Vue 的优势：轻量级框架、简单易学、双向数据绑定、组件化、视图与数据和结构分离、虚拟 DOM、运行速度快。

第 7 章

Vue.js 过渡

本章概述

本章主要讲解 Vue.js 的 CSS 过渡用法等，包括 Vue.js 的 CSS 过渡钩子函数、JavaScript 钩子函数的使用及 transition-group 的介绍和使用等内容。通过本章内容的学习，读者可以了解 Vue.js 的 CSS 过渡、JavaScript 过渡及自定义过渡类名的使用等。

本章要点

- Vue.js 的 CSS 过渡用法。
- Vue.js 的 CSS 过渡钩子函数。
- Vue.js 的自定义过渡类名。
- Vue.js 的 JavaScript 钩子函数的使用。
- Vue.js 的 transition-group 介绍和使用。

7.1 CSS 过渡

CSS 中有三大部分，分别是 transform（变形）、transition（过渡）和 animation（动画）。本节详细探讨 CSS 过渡效果。

在 CSS3 中可以使用 transition 属性将元素的某一个属性从"一个属性值"在指定的时间内平滑过渡到"另外一个属性值"来实现动画效果。

CSS 中的 transform 属性所实现的元素变形，呈现的仅仅是一个"结果"，而 CSS transition 呈现的是一种过渡"过程"。简单来说就是一种动画转换过程，如渐显、渐隐、动画快慢等。

7.1.1 CSS 过渡的用法

过渡系统是 Vue.js 为 DOM 动画效果提供的一种特性，它能在从 DOM 中插入、移除时触发 CSS 过渡和动画。也就是说，在 DOM 发生变化时，为其添加特定的 class 类名。Vue.js 的过渡系统也支持 JavaScript 过渡，通过暴露过渡系统的钩子函数，可以在 DOM 变化的特定时机对其进行属性的操作，产生过渡动画效果。

下面介绍几个过渡的元素。

提示：将需要过渡效果的元素放在<transition></transition>标签中。在<style></style>中添加.v-enter、.v-enter-active、.v-enter-to、.v-leave、.v-leave-active、.v-leave-to。

（1）v-enter：定义进入过渡的开始状态。在元素被插入前生效，在元素被插入后的下一帧移除。

（2）v-enter-active：定义进入过渡生效时的状态。在整个进入过渡的阶段中应用，在元素被插入前生效，在过渡/动画完成后移除。这个类可以被用来定义进入过渡的过程时间、延迟和曲线函数。

（3）v-enter-to：在 Vue.js 2.1.8 及以上版本定义进入过渡的结束状态。在元素被插入后下一帧生效（与此同时 v-enter 被移除），在过渡/动画完成后移除。

（4）v-leave：定义离开过渡的开始状态。在离开过渡被触发时立刻生效，下一帧被移除。

（5）v-leave-active：定义离开过渡生效时的状态。在整个离开过渡的阶段中应用，在离开过渡被触发时立刻生效，在过渡/动画完成后移除。这个类可以被用来定义离开过渡的过程时间、延迟和曲线函数。

（6）v-leave-to：在 Vue.js 2.1.8 及以上版本定义离开过渡的结束状态。在离开过渡被触发后下一帧生效（与此同时 v-leave 被删除），在过渡/动画完成后移除。

总结：enter 定义开始的状态，active 定义过程，enter-to 定义结束状态，但是在实际进行的时候是有交叉的。例如，添加 v-enter、添加 v-enter-active、卸载 v-enter、添加 v-ernter-to、卸载 v-enter-to 和 v-enter-active。通过断点就可以发现。

代码如下：

```html
<!DOCTYPE html>
<html>
    <head>
        <meta charset="utf-8">
        <meta name="viewport"
            content="width=device-width, user-scalable=no, initial-scale=1.0, maximum-scale=1.0, minimum-scale=1.0">
        <meta http-equiv="X-UA-Compatible" content="ie=edge">
        <title>css 过渡练习</title>
        <script src="vue.js" type="text/javascript" charset="UTF-8"></script>
        <style>
            /*
            Vue 分为入场过渡和离场过渡
            v-enter 表示入场过渡开始前的状态，即原状态到达过渡效果时间段的起始点
            v-leave-to 表示离场过渡结束后的状态，即过渡效果还原到初始状态后的结束点
            注意下面的是类名，不要少写了"."
            */
            .v-enter,.v-leave-to{
                opacity: 0; //透明度，0代表完全透明，1代表完全不透明
            }
            .v-enter-active,.v-leave-active{
                transition: all 1s ease;   //all 代表所有样式，s 代表 1 秒动画的执行时间，ease 代表变速执行
            }
        </style>
    </head>
<body>
    <div id="app">
        <input type="button" @click.prevent="tag" value="button">
        <!--使用<transition></transition>把需要被动画控制的元素包裹起来-->
        <transition>
            <h3 v-if="ok">this is h3</h3>
```

```
        </transition>
    </div>
    <script>
      var vm = new Vue({
        el:"#app",
        data:{
          ok:true
        },
        methods:{
          tag:function(){
            this.ok= !this.ok
          }
        },
        filters:{},
        directives:{}
      })
    </script>
  </body>
</html>
```

运行的效果如图 7-1 所示。

图 7-1 CSS 过渡运行效果图

提示：v-enter-active 和 v-leave-active 是进入和离开的整个过程，设置过渡时间即可；v-enter、v-leave-to 是进入前和离开后的状态（对于简单的过渡，从下面滑入滑出，进入前和离开后本身就是同一状态，所以可以写一个样式）；v-enter-to 和 v-leave 是进入后和离开前的状态。

7.1.2 CSS 过渡钩子函数

Vue.js 提供了在插入 DOM 元素时类名变化的钩子函数，可以通过 Vue.transition('name',{})来执行具体的函数操作。

代码如下：

```
<!DOCTYPE html>
<html>
  <head>
    <meta charset="utf-8">
    <meta name="viewport"
      content="width=device-width, user-scalable=no, initial-scale=1.0, maximum-scale=1.0,
```

```
minimum-scale=1.0">
        <meta http-equiv="X-UA-Compatible" content="ie=edge">
        <title>CSS过渡钩子函数练习</title>
        <script src="vue.js" type="text/javascript" charset="UTF-8"></script>
    </head>
<body>
    <div id="app">
        <transition
            name="fade" mode="in-out" appear
            @before-enter="beforeEnter"
            @enter="enter"
            @after-enter="afterEnter"
            @appear="appear"
            @before-leave="beforeLeave"
            @leave="leave"
            @after-leave="afterLeave"
        >
            <div class="content" v-if="yes">{{yes}}</div>
        </transition>
    </div>
    <script>
        var vm = new Vue({
            el: "#app",
            data: {
                yes:true,
            },
            methods: {
                beforeEnter: function(el){
                    console.log('beforeEnter', el.className);
                },
                enter: function(el){
                    console.log('enter', el.className);
                },
                afterEnter: function(el){
                    console.log('afterEnter', el.className);
                },
                appear: function(el){
                    console.log('appear', el.className);
                },
                beforeLeave: function(el){
                    console.log('beforeLeave', el.className);
                },
                leave: function(el){
                    console.log('leave', el.className);
                },
                afterLeave: function(el){
                    console.log('afterLeave', el.className);
                }
            }
        })
    </script>
</body>
</html>
```

运行的效果如图 7-2 所示。

图 7-2　CSS 过渡钩子函数运行效果图

7.1.3　自定义过渡类名

自定义过渡类名就不需要 name 属性了。类名可以由用户自行定义，也可以引入第三方动画库 Animate.css，但是需要再加入一些添加类名的属性。例如前面讲过的几个属性：enter-class=类名、enter-active-class=类名（常用）、leave-class=类名、leave-active-class=类名（常用）等。

通过 appear 特性可以设置节点在初始渲染时的过渡。代码如下：

```
<transition appear>
</transition>
```

这里默认与进入/离开过渡一样，可以自定义 CSS 类名。代码如下：

```
<transition
  appear
  appear-class="custom-appear-class"
  appear-to-class="custom-appear-to-class"(2.1.8+)
  appear-active-class="custom-appear-active-class">
</transition>
```

自定义 JavaScript 钩子。代码如下：

```
<transition
  appear
  v-on:before-appear="customBeforeAppearHook"
  v-on:appear="customAppearHook"
  v-on:after-appear="customAfterAppearHook"
  v-on:appear-cancelled="customAppearCancelledHook">
</transition>
```

7.2　JavaScript 过渡

在第 7.1 节中讲述了 CSS 过渡，下面将介绍 JavaScript 过渡。

7.2.1　JavaScript 钩子函数过渡

在属性中声明 JavaScript 钩子，代码如下。

（1）HTML 代码：

```
<div id="app">
    <transition
      v-on:before-enter="beforeEnter"
      v-on:enter="enter"
      v-on:after-enter="afterEnter"
      v-on:enter-cancelled="enterCancelled"
```

```
            v-on:before-leave="beforeLeave"
            v-on:leave="leave"
            v-on:after-leave="afterLeave"
            v-on:leave-cancelled="leaveCancelled" >
        </transition>
</div>
```

（2）JS 代码：

```
methods: {
    beforeEnter: function(el){
      ...
    },

       //此回调函数是可选项的设置，与 CSS 结合时使用
    enter: function(el,done){
      ...
    },
    afterEnter: function(el){
      ...
    },
    enterCancelled: function(el){
      ...
    },
    beforeLeave: function(el){
      ...
    },

       //此回调函数是可选项的设置，与 CSS 结合时使用
    leave: function(el,done){
      ...
    },
    afterLeave: function(el){
      ...
    },

       //leaveCancelled 只用于 v-show 中
    leaveCancelled: function(el){
      ...
    },
}
```

上述代码中的钩子函数可以结合 CSS 中的 transitions/animations 使用，也可以单独使用。当只用 JavaScript 过渡的时候，在 enter 和 leave 中必须使用 done 进行回调；否则，它们将被同步调用，过渡会立即完成。

提示：推荐对于仅使用 JavaScript 过渡的元素添加 v-bind:css="false"，Vue 会跳过 CSS 的检测。这也可以避免过渡过程中 CSS 的影响。

7.2.2 JavaScript 过渡的使用

使用 Vue.js 的 JavaScript 实现过渡的注意事项有哪些呢？下面通过一个案例来了解。
代码如下：

```html
<!DOCTYPE html>
<html>
  <head>
    <meta charset="utf-8">
    <meta name="viewport"
      content="width=device-width, user-scalable=no, initial-scale=1.0, maximum-scale=1.0, minimum-scale=1.0">
    <meta http-equiv="X-UA-Compatible" content="ie=edge">
    <title>JavaScript 过渡使用练习</title>
    <script src="vue.js" type="text/javascript" charset="UTF-8"></script>
  </head>
<body>
  <template>
    <div id="app">
      <button @click="show = !show">按钮</button>
      <transition
        name="fade"
        @before-enter="beforeEnter"
        @enter="enter"
        @after-enter="afterEnter"
        @enter-cancelled ="enterCanelled"
        @before-leave="beforeLeave"
        @leave="leave"
        @after-leave="afterLeave"
        @leave-cancelled="leaveCancelled">
        <h3 class="title" v-show="show">聚慕课</h3>
      </transition>
    </div>
  </template>
  <script>
    import Vue from "vue";
    export default {
      name: "app",
      data(){
        return {
          show: true
        };
      },
      methods: {
        beforeEnter(){
          console.log("beforeEnter");
        },
        enter(){
          console.log("enter");
        },
        afterEnter(){
          console.log("afterEnter");
        },
        enterCanelled(){
          console.log("enterCanelled");
        },
        beforeLeave(){
          console.log("beforeLeave");
        },
        leave(){
```

```
          console.log("leave");
        },
        afterLeave(){
          console.log("afterLeave");
        },
        leaveCancelled(){
          console.log("leaveCancelled");
        }
      }
    };
  </script>
  <style scoped>
    .title {
      width: 100px;
      line-height: 26px;
      font-size: 16px;
      color: blue;
    }
    .fade-enter,.fade-leave-to {
      opacity: 0;
    }
    .fade-enter-active,.fade-leave-active {
      transition: opacity .6s ease-in-out;
    }
  </style>
  </script>
</body>
</html>
```

运行的效果如图 7-3 所示。

图 7-3　JavaScript 过渡的使用运行效果图

7.3　多个元素的过渡

多个元素的过渡也在 Vue.js 框架中起到一定的作用。过渡模式分为两种：out-in 模式——当前元素先进行过渡，完成后新元素过渡进入；in-out 模式——新元素先进行过渡，完成后当前元素过渡离开。

语法格式如下：

```
<transition name="fade" mode="out-in"> </transition>
```

多个元素的过渡，代码如下：

```
<transition>
  <button :key="docState">
```

```
      {{ buttonMessage }}
    </button>
</transition>
computed: {
  buttonMessage: function(){
    switch(this.docState){
      case 'saved': return '苹果'
      case 'edited': return '香蕉'
      case 'editing': return '梨子'
    }
  }
}
```

7.4 多个组件的过渡

如果是多个组件，又怎么进行过渡呢？下面通过代码进行讲解。

```
<!DOCTYPE html>
<html>
  <head>
    <meta charset="utf-8">
    <meta name="viewport"
      content="width=device-width, user-scalable=no, initial-scale=1.0, maximum-scale=1.0, minimum-scale=1.0">
    <meta http-equiv="X-UA-Compatible" content="ie=edge">
    <title>多个组件过渡练习</title>
    <script src="vue.js" type="text/javascript" charset="UTF-8"></script>
  </head>
<body>
  <div id="app">
    <transition name="component-fade" mode="out-in">
      <component v-bind:is="view"></component>
    </transition>
  </div>
  <script>
    new Vue({
      el:'#app',
      data:{
        view:'v-a'
      },
      components:{
        'v-a':{
          template:'<div>组件 aa</div>'
        },
        'v-b':{
          template:'<div>组件 bb</div>'
        }
      }
    })
  </script>
    <style>
      .component-fade-enter-active, .component-fade-leave-active {
        transition: opacity .3s ease;
      }
      .component-fade-enter, .component-fade-leave-to {
```

```
        opacity: 0;
      }
    </style>
  </body>
</html>
```

运行的效果如图 7-4 所示。

图 7-4 多个组件过渡运行效果图

7.5 transition-group 介绍

transition-group 在 Vue 框架中也有一定的作用。为什么要使用 transition-group 呢？下面就分为两点对其进行介绍。

（1）<transition></transition>是 Vue 封装的过渡组件，代码如下：

```
<transition name="fade" mode="out-in"> //mode="out-in"模式先出后进
  <router-view></router-view>
</transition >
//CSS 代码
.fade-enter-active, .fade-leave-active {
  transition: opacity .4s
}
.fade-enter,.fade-leave-to {
  opacity: 0
}
```

上述代码中，这个组件中只有一个元素，如果我们在里面多加入一个元素，在浏览器中并不出现新添加的内容。这是为什么呢？因为在 Vue 中<transition></transition>内只能放置一个元素。如果想要放置多个元素，该怎么办呢？这时就需要用<transition-group></transition-group>了。

（2）<transition-group>的 key 属性起到什么作用呢？当我们将<transition></transition>改成<transition-group></transition-group>，发现控制台中依然有错误提示。当<transition-group></transition-group>中有多个元素时，需要给每个元素设置 key 值，并且每个 key 值是不一样的。设置完成后，界面就恢复正常了。

代码如下：

```
<transition-group name="fade" mode="out-in">
  <router-view key="A"></router-view>
  <div key="B">merry christmas</div>
</transition-group>
```

7.6 就业面试技巧与解析

学完本章内容，会对 Vue 的 CSS 过渡、Vue 的 CSS 过渡钩子函数、Vue 的 JavaScript 过渡钩子函数及 transition-group 等有一定的了解。下面会对面试过程中出现的问题进行解析，更好地帮助读者学习。

7.6.1 面试技巧与解析（一）

面试官：Vue 的双向数据绑定原理是什么？

应聘者：

Vue.js 采用数据劫持结合发布者-订阅者模式的方式，通过 Object.defineProperty()来劫持各个属性的 setter 和 getter，在数据变动时发布消息给订阅者，触发相应的监听回调。

具体步骤如下。

第一步：需要对 Observer 的数据对象进行递归遍历，包括子属性对象的属性，都加上 setter 和 getter。这样给这个对象的某个属性赋值，就会触发 setter，那么就能监听到数据变化了。

第二步：Compile 解析模板指令，将模板中的变量替换成数据，然后初始化渲染页面视图，并将每个指令对应的节点绑定更新函数，添加监听数据的订阅者（一旦数据有变动，收到通知，更新视图）。

第三步：Watcher 订阅者是 Observer 和 Compile 间通信的"桥梁"，主要负责做的事情如下。

（1）在自身实例化时往属性订阅器（dep）中添加自身。

（2）自身必须有一个 update()方法。待属性变动通知 dep.notice()时，能调用自身的 update()方法，并触发 Compile 中绑定的回调。

第四步：MVVM 作为数据绑定的入口，整合 Observer、Compile 和 Watcher 三者，通过 Observer 来监听自己的 Model 数据变化，通过 Compile 来解析编译模板指令，最终利用 Watcher 搭起 Observer 和 Compile 间的通信"桥梁"，达到"数据变化→视图更新、视图交互变化→Model 数据变更"的双向绑定效果。

注：这道题的答案也可以用来回答"Vue data 是怎么实现的?"

7.6.2 面试技巧与解析（二）

面试官：<transition>和<transition-group>有什么区别?

应聘者：

唯一的区别就是<transition>中只能包裹一个元素，而<transition-group>可以包裹多个元素。

第 8 章

Vue.js 动画

本章概述

本章主要讲解 Vue.js 的 CSS 动画、第三方动画库、动画钩子及动画封装等内容,为后面更加深入地学习做铺垫、为使用 Vue.js 前端框架开发项目奠定基础。通过本章内容的学习,读者可以了解 Vue.js 的 CSS 动画原理、同时使用过渡和动画、显性的过渡持续时间、使用 CCS 3 动画库@keyframes、使用 CCS 3 动画库 Animate.css 及使用 JavaScript 动画库 Velocity.js 等内容。

本章要点

- Vue.js 的 CSS 动画原理。
- 同时使用过渡和动画。
- 显性的过渡持续时间。
- CCS 3 动画库@keyframes。
- CCS 3 动画库 Animate.css。
- JavaScript 动画库 Velocity.js。
- 动画钩子。
- 动画封装。

8.1 CSS 动画

在 Vue.js 中应用动画效果可以让页面、元素实现动画跳转。本节将对 CSS 动画原理、同时使用过渡和动画等内容进行介绍。

8.1.1 CSS 动画原理

将<div>标签的外部添加<transition></transition>标签,将其包裹起来。当一个元素被<transition></transition>包裹后,Vue 会自动分析元素的 CSS 样式,然后构建一个动画流程。代码如下:

```
<transition name="fade"
```

```
    <div v-if="show">Hello Vue</div>
</transition>
```

图 8-1 中的线和点,就可以称为一个动画流程。Vue 会在动画即将执行的瞬间,往内部被包裹的<div>上增添两个类名,分别是 fade-enter 和 fade-enter-active。当动画第一帧执行结束后,Vue 会在动画执行到第二帧的时候,把以前添加的 fade-enter 这个 Class 清除,然后增加一个 fade-enter-to 的类名,接着动画继续执行。执行到结束的瞬间,Vue 会把以前添加的 fade-enter-active 和 fade-enter-to 两个 Class 都清除。

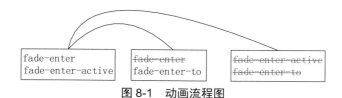

图 8-1　动画流程图

当动画从显示状态变为隐藏状态时,流程跟图 8-1 类似,如图 8-2 所示。

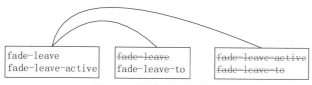

图 8-2　隐藏动画流程图

CSS 动画切换,代码如下:

```
<!DOCTYPE html>
<html lang="en">
  <head>
    <meta charset="UTF-8">
    <title> Vue 中的 CSS 动画原理 </title>
    <script src="vue.js" type="text/javascript" charset="UTF-8"></script>
    <style>
      .fade-enter {
        opacity: 0;
      }
      .fade-enter-active {
        transition: opacity 2s;
      }
      .fade-leave-to {
        opacity: 0;
      }
      .fade-leave-active {
        transition: opacity 2s;
      }
    </style>
  </head>
<body>
  <div id="app">
    <transition name="fade">
      <div v-if="show">hello world</div>
    </transition>
    <button @click="handleClick">切换</button>
  </div>
```

```
<script>
  var vm = new Vue({
    el: "#app",
    data: {
      show: true
    },
    methods: {
      handleClick: function(){
        this.show = ! this.show
      }
    }
  })
</script>
</body>
</html>
```

运行效果如图 8-3 所示。

图 8-3　CSS 动画运行效果图

在上述代码中，因为<transition>中设置 name 属性名为 fade，所以<style>中 CSS 样式以"fade"开头。如果<transition>中没有设置 name 属性名，那么<style>中 CSS 样式以"v"开头，即 v-enter、v-center-active 等。

元素动画或页面跳转动画实现方式有以下几种。

（1）自己手动编写 CSS 3 动画来实现。

（2）使用第三方 JavaScript 动画库，如 Velocity.js。

（3）使用第三方 CSS 动画库，如 Animate.css、@keyframes。

（4）在钩子函数中操作 DOM。

8.1.2　同时使用过渡和动画

假如我们希望动画不仅仅只有@keyframes 的效果，还有过渡的动画效果，这个时候可以进行代码的编写。

在 Vue 中，为了知道过渡的完成，必须设置相应的事件监听器。它可以是 transitionend 或 animationend，这取决于给元素应用的 CSS 规则。如果使用其中任何一种，Vue 能自动识别类型并设置监听。但是，在一些场景中需要给同一个元素同时设置两种过渡动效，例如 animation 很快被触发并完成了，而 transition 效果还没结束。在这种情况下，就需要使用 type 特性并设置 animation 或 transition 来明确声明需要 Vue 监听的类型。

代码如下:

```html
<!DOCTYPE html>
<html lang="en">
<head>
    <meta charset="UTF-8">
    <title> Vue 中同时使用过渡和动画 </title>
    <script src="vue.js" type="text/javascript" charset="UTF-8"></script>
    <link rel="stylesheet" type="text/css" href="https://cdn.bootcss.com/animate.css/3.5.2/animate.css">
    <style>
        .fade-enter,
        .fade-leave-to {
            opacity: 0;
        }
        .fade-enter-active,
        .fade-leave-active {
            transition: opacity 3s;
        }
    </style>
</head>
<body>
    <div id="app">
        <transition
            type="transition"
            name="fade"
            appear
            enter-active-class="animated swing fade-enter-active"
            leave-active-class="animated shake fade-leave-active"
            appear-active-class="animated swing">
            <div v-if="show">聚慕课你好</div>
        </transition>
        <button @click="handleClick">点击我</button>
    </div>
    <script>
        var vm = new Vue({
            el: "#app",
            data: {
                show: true
            },
            methods: {
                handleClick: function(){
                    this.show = ! this.show
                }
            }
        })
    </script>
</body>
</html>
```

运行效果如图 8-4 所示。

图 8-4 同时使用过渡和动画运行效果图

提示：动画执行时，animate 中的动画执行时长为 1s。当过渡动画超过 1s 时，在<transition>中添加属性 type，就会以<transition>中动画的时长为动画执行时长。这个执行时长也可以由用户自定义，通过:duration 属性来进行设置，例如当属性被设置为:duration="10000"，即时长为 10s。除此以外，还可以单独设置出场、入场动画为不同的时长，:duration="{enter: 5000, leave:10000}"。

8.1.3 显性的过渡持续时间

在很多情况下，Vue 可以自动得出过渡效果的完成时机。默认情况下，Vue 会等待其在过渡效果根元素的第一个 transitionend 或 animationend 事件。然而，也可以不这样设定。例如，我们可以拥有一个精心编排的一系列过渡效果，其中一些嵌套的内部元素相比于过渡效果的根元素有延迟的或更长的过渡效果。

在这种情况下可以用<transition>中的 duration 属性定制一个显性的过渡持续时间（以 ms 计）。代码如下：

```
<transition :duration="8000">…</transition>
```

也可以定制进入和移出的持续时间，代码如下：

```
<transition :duration="{ enter: 800, leave: 1000 }">…</transition>
```

8.2 第三方动画库

在 8.1 节中，提到过 Animate.css、Velocity.js 和@keyframes。下面就要对 Vue 框架的第三方动画库进行介绍。

8.2.1 使用 CCS 3 动画库@keyframes

以使用 CSS 3 动画库@keyframes 为例，代码如下：

```
<!DOCTYPE html>
<html lang="en">
<head>
  <meta charset="UTF-8">
  <title>keyframes 代码</title>
  <script src="vue.js" type="text/javascript" charset="UTF-8"></script>
  <style>
    @keyframes bounce-in {
      0% {
```

```
                transform: scale(0);
            }
            50% {
                transform: scale(1.5);
            }
            100% {
                transform: scale(1);
            }
        }
        .fade-enter-active {
            transform-origin: left center;
            animation: bounce-in 1s;
        }
        .fade-leave-active {
            transform-origin: left center;
            animation: bounce-in 1s reverse;
        }
    </style>
</head>
<body>
    <div id="app">
        <transition name="fade">
            <div v-if="show">我喜欢吃水果</div>
        </transition>
        <button @click="handleClick">点击我</button>
    </div>
<script>
    var vm = new Vue({
        el: "#app",
        data: {
            show: true
        },
        methods: {
            handleClick: function(){
                this.show = ! this.show
            }
        }
    })
</script>
</body>
</html>
```

运行效果如图 8-5 所示。

图 8-5　@keyframes 库案例运行效果图

8.2.2 使用 CCS 3 动画库 Animate.css

Animate.css 库在官网中提供了许多 CSS 动画效果。下载该库后，在<link>标签下引入即可。语法格式如下：

```
<link rel="stylesheet" type="text/css" href="…animate.css">
```

然后在<transition>标签中定义 enter-active-class 与 leave-active-class 为 Animate.css 库中相应的样式。例如，下面的示例中入场动画应用 swing，出场动画应用 shake。

代码如下：

```
<!DOCTYPE html>
<html lang="en">
<head>
  <meta charset="UTF-8">
  <title> Vue 中使用 Animate.css 库</title>
  <script src="vue.js" type="text/javascript" charset="UTF-8"></script>
  <link rel="stylesheet" type="text/css" href="https://cdn.bootcss.com/animate.css/3.5.2/animate.css">
</head>
<body>
    <div id="app">
      <transition name="fade"
        enter-active-class="animated swing"
        leave-active-class="animated shake">
      <div v-if="show">世界，你好！我是一棵海草！！！</div>
      </transition>
      <button @click="handleClick">点击我</button>
    </div>
  <script>
    var vm = new Vue({
      el: "#app",
      data: {
        show: true
      },
      methods: {
        handleClick: function(){
          this.show = ! this.show
        }
      }
    })
  </script>
</body>
</html>
```

运行效果如图 8-6 所示。

图 8-6　Animate.css 库案例运行效果图

提示：当引入并使用 Animate.css 库时，必须使用自定义类名的形式。同时，class 中必须包含一个 animated，然后将相应的效果添加到 animated 后。

8.2.3 使用 JavaScript 动画库 Velocity.js

在 Velocity.js 库的官网中下载 velocity.js 文件，并通过<script>标签引入。按照下面代码中的写法，将 el、{opacity:1}、{duration:1000,complete:done}当作参数传递给 Velocity()。

代码如下：

```html
<!DOCTYPE html>
<html lang="en">
<head>
    <meta charset="UTF-8">
    <title> Vue 中使用 Velocity.js 库</title>
    <script src="vue.js" type="text/javascript" charset="UTF-8"></script>
    <script src="https://cdn.bootcss.com/velocity/2.0.4/velocity.js"></script>
</head>
<body>
    <div id="app">
        <transition
          name="fade"
          @before-enter="handleBeforeEnter"
          @enter="handleEnter"
          @after-enter="handleAfterEnter">
          <div v-show="show">欢迎来到冬天</div>
        </transition>
        <button @click="handleClick">点击我</button>
    </div>
    <script>
        var vm = new Vue({
          el: "#app",
          data: {
            show: true
          },
          methods: {
            handleClick: function(){
              this.show = ! this.show
            },
            handleBeforeEnter: function(el){
              el.style.opacity = 0
            },
            handleEnter: function(el, done){
              Velocity(el, {opacity: 1}, {duration: 1000, complete: done})
            },
            handleAfterEnter: function(el){
              alert('动画结束')
            }
          }
        })
    </script>
</body>
</html>
```

运行效果如图 8-7 所示。

图 8-7 Velocity.js 库案例运行效果图

8.3 动画钩子

动画钩子在 Vue 框架的动画中主要实现页面的动态效果，下面将对 enter、before-enter、after-enter 进行介绍。

1. enter

enter：会接收两个参数，一个为 el，另一个为 done（是一个回调函数）。
代码如下：

```
<!DOCTYPE html>
<html lang="en">
<head>
  <meta charset="UTF-8">
  <title> 动画钩子 enter </title>
  <script src="vue.js" type="text/javascript" charset="UTF-8"></script>
</head>
<body>
  <div id="app">
    <transition name="fade" @before-enter="handleBeforeEnter" @enter="handleEnter">
      <div v-show="show">我爱吃水果</div>
    </transition>
    <button @click="handleClick">点击我</button>
  </div>
  <script>
    var vm = new Vue({
      el: "#app",
      data: {
```

```
      show: true
    },
    methods: {
      handleClick: function(){
        this.show = ! this.show
      },
      handleBeforeEnter: function(el){
        el.style.color = 'green'
      },
      handleEnter: function(el, done){
        setTimeout(() => {
          el.style.color = 'red'
          done()
        },2000)
      }
    }
  })
  </script>
</body>
</html>
```

运行效果如图 8-8 所示。

图 8-8　enter 案例运行效果图

2. before-enter

before-enter：会接收一个参数 el。

代码如下：

```
<!DOCTYPE html>
<html lang="en">
<head>
  <meta charset="UTF-8">
  <title> 动画钩子 before-enter </title>
  <script src="vue.js" type="text/javascript" charset="UTF-8"></script>
</head>
<body>
  <div id="app">
    <transition name="fade" @before-enter="handleBeforeEnter">
      <div v-show="show">苹果是水果</div>
    </transition>
    <button @click="handleClick">点击我</button>
  </div>
  <script>
  var vm = new Vue({
    el: "#app",
    data: {
      show: true
```

```
      },
      methods: {
        handleClick: function(){
          this.show = ! this.show
        },
        handleBeforeEnter: function(el){
          el.style.color = 'red'
        }
      }
    })
  </script>
</body>
</html>
```

运行效果如图 8-9 所示。

图 8-9　before-enter 案例运行效果图

3. after-enter

after-enter：也要接收参数 el。

代码如下：

```
<!DOCTYPE html>
<html lang="en">
<head>
  <meta charset="UTF-8">
  <title>动画钩子 after-enter </title>
  <script src="vue.js" type="text/javascript" charset="UTF-8"></script>
</head>
<body>
  <div id="app">
    <transition name="fade"
      @before-enter="handleBeforeEnter"
      @enter="handleEnter"
      @after-enter="handleAfterEnter">
      <div v-show="show">hello world</div>
    </transition>
    <button @click="handleClick">点击我</button>
  </div>
  <script>
    var vm = new Vue({
      el: "#app",
      data: {
        show: true
      },
      methods: {
        handleClick: function(){
          this.show = ! this.show
```

```
            },
            handleBeforeEnter: function(el){
              el.style.color = 'red'
            },
            handleEnter: function(el, done){
              setTimeout(() => {
                //2s 后改变颜色
                el.style.color = 'green'
              },2000)
              setTimeout(() => {
                //4s 后执行回调函数 done()
                done()
              },4000)
            },
            handleAfterEnter: function(el){
              el.style.color = "#000"
            }
          }
      })
    </script>
  </body>
</html>
```

运行效果如图 8-10 所示。

图 8-10 after-enter 案例运行效果图

8.4 动画封装

当需要频繁使用一个动画效果的时候,我们将动画封装到一个组件中是很好的方法。结合动画钩子,可以实现将模板、样式都封装到组件的效果。当需要使用的时候,直接使用该组件模板标签,并添加相应的 show 属性即可。

代码如下:

```
<!DOCTYPE html>
<html lang="en">
<head>
   <meta charset="UTF-8">
   <title> Vue 中的动画封装 </title>
   <script src="vue.js" type="text/javascript" charset="UTF-8"></script>
</head>
<body>
   <div id="app">
     <fade :show="show">
```

```
        <div>早安</div>
      </fade>
      <fade :show="show">
        <h1>晚安</h1>
      </fade>
      <button @click="handleClick">点击我</button>
    </div>
  <script>
    Vue.component('fade',{
      props: ['show'],
      template: '
      <transition
        @before-enter="handleBeforeEnter"
        @enter="handleEnter"
        @after-enter="handleAfterEnter">
        <slot v-if="show"></slot>
      </transition>
        ',
      methods: {
        handleBeforeEnter: function(el){
          el.style.color = 'blue'
        },
        handleEnter: function(el,done){
          setTimeout(() => {
            el.style.color = 'green'
          },2000)
          setTimeout(() => {
            done()
          },4000)
        },
        handleAfterEnter: function(el){
          el.style.color = "#000"
          }
        }
    })
    var vm = new Vue({
      el: "#app",
      data: {
        show: true
      },
      methods: {
        handleClick: function(){
          this.show = ! this.show
          }
        }
    })
  </script>
</body>
</html>
```

运行效果如图 8-11 所示。

图 8-11　动画封装运行效果图

8.5　就业面试技巧与解析

学完本章内容，会对 Vue 的 CSS 动画原理、第三方动画库、动画钩子及动画封装等有一定的了解。下面会对面试过程中出现的问题进行解析，更好地帮助读者学习。

8.5.1　面试技巧与解析（一）

面试官：Vue 中 data 必须是一个函数吗？

应聘者：

对象为引用类型，当重用组件时，由于数据对象都指向同一个 data 对象，若在一个组件中修改 data，其他重用组件中的 data 会同时被修改；而使用返回对象的函数，由于每次返回的都是一个新对象（Object 的实例），引用地址不同，因此不会出现这个问题。

8.5.2　面试技巧与解析（二）

面试官：过渡动画实现的三种方式是什么？

应聘者：

第一种：使用 Vue 的<transition>标签结合 CSS 样式完成动画。

第二种：利用 Animate.css 结合<transition>实现动画。

第三种：利用 Vue 中的钩子函数实现动画。

第 2 篇

核心应用篇

在学习 Vue 的基本概念和基础知识后,读者已经可以进行简单程序的编写了。本篇将介绍 Vue 核心应用技术的使用,包括如何使用 Vue 组件、常用插件、实例方法、Render 函数,以及在学习过程中可能出现的一些问题,包括安装错误、运行错误和你问我答等内容。通过本篇的学习,读者将对 Vue 有深刻的理解,编程能力会有进一步的提高。

- 第 9 章 Vue.js 组件
- 第 10 章 Vue.js 常用插件
- 第 11 章 Vue.js 实例方法
- 第 12 章 Render 函数
- 第 13 章 常见问题解析

第 9 章
Vue.js 组件

本章概述

本章主要讲解 Vue.js 的组件基本内容、组件通信、自定义事件监听、Vuex 的介绍、动态组件及插槽 slot 等内容。通过本章内容的学习，读者可以了解 Vue.js 组件基本内容中的组件用法、组件注册、组件嵌套、组件切换等内容，Vuex 的原理、Vuex 与 localStorage 及动态组件的基本用法、切换钩子函数、keep-alive 等内容，为后面奠定更好的学习基础。

本章要点

- 组件基本内容。
- 组件通信。
- 自定义事件监听。
- 动态组件。
- slot。

9.1 组件基本内容

组件可以说是 Vue.js 中强大的功能之一，运用它可以使代码的维护和复用率提高。组件是 Vue.js 中一个重要的概念，它提供了一种抽象，让我们可以使用独立可复用的代码构建大型应用程序。

9.1.1 组件是什么

组件（Component）是对数据和方法的简单封装。Web 中的组件其实可以看成是页面的一个组成部分，它是一个具有独立的逻辑和功能的界面，同时又能根据规定的接口规则进行相互融合，最终成为一个完整的应用程序。页面就是由一个个类似导航、列表、弹窗、下拉菜单等这样的组件组成的。页面只不过是这些组件的容器，组件自由组合形成功能完整的界面。当不需要某个组件或想要替换某个组件时，可以随时进行删除或替换，而不影响整个应用程序的运行。前端组件化的核心思想就是将一个巨大、复杂的"东西"拆分成小"东西"。

组件是 Vue.js 轻量级前端框架的核心。组件可以扩展 HTML 元素、封装可重用的代码。在较高层面上，组件是自定义的元素，Vue.js 编译器可以为它添加特殊功能。在有些情况下，组件可以是原生 HTML 元素的形式，以 is 特性扩展。在 Vue.js 中，因为组件是可复用的 Vue.js 实例，所以它与 new Vue()接收相同的选项，例如 data、computed、watch、methods 及生命周期钩子函数等，还有像 el 这样实例特有的选项。

9.1.2 组件用法

本节将介绍组件在 Vue 中是如何使用的，以及创建组件的几种方式。组件有 3 种创建方式，下面将依次对它们进行介绍。

第一种方式：使用 Vue.extend()来创建。

语法格式如下：

```
var vm = Vue.extend({
    template: '<p>这是使用 vue.extend()创建的组件</p>'
    //用 template 属性指定组件要展示的 HTML 结构
})
```

然后使用 Vue.component('组件名称',创建的模板对象)注册组件。语法格式如下：

```
Vue.component('myVue',vue1)
```

提示：如果使用 Vue.component()定义全局组件的时候，组件的名称使用了驼峰式命名，则在引用组件时需要将大写的驼峰式命名改为小写字母，同时两个单词之间用"-"进行连接。如果不使用则直接采用组件名称即可。

完整代码如下：

```
<!DOCTYPE html>
<html>
  <head>
    <meta charset="utf-8">
    <title>Vue.extend()练习</title>
    <script src="vue.js" type="text/javascript" charset="UTF-8"></script>
  </head>
<body>
    <div id="app"><mycom1></mycom1></div>
    <script>
      var vm = Vue.extend({
        template: '<p>这是使用 vue.extend()创建的组件</p>',
        //用 template 属性指定组件要展示的 HTML 结构
      })
      Vue.component('myCom1', vm)
      Vue.component('mycom1', Vue.extend({
        template: '<p>这是使用 vue.extend()创建的组件</p>'
      }))
      //创建 Vue 实例，得到 ViewModel
      var vm = new Vue({
        el: '#app',
        data: {},
        methods: {}
      });
    </script>
</body>
</html>
```

运行效果如图 9-1 所示。

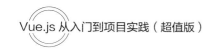

图 9-1　Vue.extend()方式运行效果图

第二种方式：使用 Vue.component()来创建。

语法格式如下：

```
Vue.component('mycom', {
    template: '<div><p>这是使用 Vue.component()创建出来的组件</div>'
})
```

完整代码如下：

```
<!DOCTYPE html>
<html>
  <head>
    <meta charset="utf-8">
    <title>Vue.component()练习</title>
    <script src="vue.js" type="text/javascript" charset="UTF-8"></script>
  </head>
<body>
  <div id="app">
      <!-- 还是使用标签形式,引入自己的组件 -->
      <mycom2></mycom2>
  </div>
  <script>
      Vue.component('mycom2', {
        template: '<div><p>这是直接使用 Vue.component()创建出来的组件</p></div>'
      })
      //创建 Vue 实例，得到 ViewModel
      var vm = new Vue({
        el: '#app',
        data: {},
        methods: {}
      });
  </script>
</body>
</html>
```

运行效果如图 9-2 所示。

图 9-2　Vue.component()方式运行效果图

第三种方式：使用 template 元素定义组件的 HTML 模板结构。

语法格式如下：

```
<template id="tem">
  <div>
    <p>这是通过template元素在外部定义的组件结构</p>
    <span>冬天来了</span>
  </div>
</template>
```

使用 id 注册组件。语法格式如下：

```
Vue.component('mycom3', {
  template: '#tem'
})
```

完整代码如下：

```
<!DOCTYPE html>
<html>
  <head>
    <meta charset="utf-8">
    <title>template</title>
    <script src="vue.js" type="text/javascript" charset="UTF-8"></script>
  </head>
<body>
  <div id="app">
    <mycom3></mycom3>
  </div>
  <template id="tem">
    <div>
      <p>这是通过template元素在外部定义的组件结构</p>
      <span>冬天来了</span>
    </div>
  </template>
  <script>
    Vue.component('mycom3', {
      template: '#tem'
    })
    var vm = new Vue({
      el: '#app',
      data: {},
      methods: {}
    });
  </script>
</body>
</html>
```

运行效果如图 9-3 所示。

图 9-3　template 方式运行效果图

9.1.3 组件注册

在 Vue 框架中，组件注册包括全局注册和局部注册。组件注册的本质，即自定义标签，其实是个小一点的 Vue 实例，必须在 Vue 实例化前声明；创建或注册一个全局组件，任何一个 Vue 实例都可以调用。下面就介绍全局注册和局部注册。

1. 全局注册

要注册全局组件可以使用 Vue.component()来进行创建。

语法格式如下：

```
Vue.component('my-component',{
    …//选项
});
```

其中，my-component 就是注册的组件自定义标签名称，推荐使用小写字母加 "-" 隔开的形式命名。

提示：要想在父实例中使用这个组件，必须要在实例创建前注册，以后就可以使用标签的形式来使用组件。

代码如下：

```
<!DOCTYPE html>
<html>
  <head>
    <meta charset="utf-8">
    <title>全局注册</title>
    <script src="vue.js" type="text/javascript" charset="UTF-8"></script>
  </head>
<body>
    <div id="app">
      <my-component></my-component>
    </div>
    <script>
    //全局注册
    Vue.component('my-component',{
        template: '<p> 这是组件全局注册的内容 </p>'
    });
    //创建实例
    var vm = new Vue({
      el: '#app',
      data: {},
    });
    </script>
</body>
</html>
```

运行效果如图 9-4 所示。

图 9-4　组件全局注册运行效果图

提示：在组件中添加 template 就可以显示组件的内容。template 中的 DOM 结构必须被一个元素包含，如果直接写成"这是组件全局注册的内容"且不带"<div></div>"是无法渲染的。

2. 局部注册

全局注册往往是不够理想的。例如，如果要使用一个像 webpack 这样的构建系统，全局注册所有的组件意味着即便已经不再使用某个组件了，它仍然会被包含在最终的构建结果中。

在 Vue 实例中，使用 components 可以局部注册一个组件。注册后，组件只在该实例作用域下有效。在这种情况下，可以通过一个普通的 JavaScript 对象来定义组件。

代码如下：

```html
<!DOCTYPE html>
<html>
  <head>
    <meta charset="utf-8">
    <title>局部注册</title>
    <script src="vue.js" type="text/javascript" charset="UTF-8"></script>
  </head>
<body>
  <div id="app">
    <my-component></my-component>
  </div>
<script>
    var vm1 = {
      template: '<p>这是一个局部组件</p>'
    }
    /*在 components 中定义想要使用的组件*/
    var vm2 = new Vue({
      el: "#app",
      components: {
        'my-component': vm1
      }
    });
</script>
</body>
</html>
```

运行效果如图 9-5 所示。

图 9-5　组件局部注册运行效果图

对于 components 对象中的每个属性来说，其属性名就是自定义元素的名称，其属性值就是这个组件的选项。注意，局部注册的组件在其子组件中是不可用的。例如，如果希望 Component A 在 Component B 中可用，代码就要像上面<script></script>中的代码一样。

9.1.4 组件嵌套

组件中还可以使用 components 嵌套组件。组件本身也可以包含组件,例如下面代码中的 parent 组件就包含了一个命名为 child-component 的组件,但这个组件只能被 parent 组件使用。

代码如下:

```
var child = Vue.extend({
  template: '<div>A custom component!</div>'
});
var parent = Vue.extend({
  template: '<div>Parent Component: <child-component></child-component></div>',
    components: {
      'child-component': child
    }
});
Vue.component("parent-component", parent);
```

上面的定义过程比较烦琐,也可以不用每次都调用 Vue.component()和 Vue.extend()方法。代码如下:

```
<!DOCTYPE html>
<html>
  <head>
      <meta charset="utf-8">
      <title>组件嵌套</title>
      <script src="vue.js" type="text/javascript" charset="UTF-8"></script>
  </head>
<body>
  <div id="app">
    <my-component></my-component>
  </div>
  <script>
    //在一个步骤中扩展与注册
    Vue.component('my-component', {
      template: '<div>你好!</div>'
    })
    //局部注册也可以这样编写
    var parent = Vue.extend({
      components: {
        'my-component': {
          template: '<div>你好!</div>'
        }
      }
    })
    var vm = new Vue({
      el: '#app',
      data: {},
    });
  </script>
</body>
</html>
```

运行效果如图 9-6 所示。

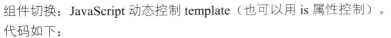

图 9-6　组件嵌套运行效果图

9.1.5　组件切换

组件切换：JavaScript 动态控制 template（也可以用 is 属性控制）。

代码如下：

```
<!DOCTYPE html>
<html>
  <head>
    <meta charset="utf-8">
    <title>组件切换</title>
    <script src="vue.js" type="text/javascript" charset="UTF-8"></script>
  </head>
<body>
  <div id="app">
    <div class="container">
      <div @click="comp='zujian1'">我是组件 1</div>
      <div @click="comp='zujian2'">我是组件 2</div>
    </div>
    <!--aaa 标签是核心，必须编写，通过 is 属性决定显示哪个组件-->
    <aaa :is="comp"></aaa>
  </div>
  <script>
    var app=new Vue({
      el:'#app',
      data:{
        comp:'zujian2',
      },
      components:{
        zujian1:{
          template:'<h1>组件 1</h1>'
        },
        zujian2:{
          template:'<h1>组件 2</h1>'
        }
      }
    })
  </script>
</body>
</html>
```

运行效果如图 9-7 所示。

图 9-7 组件切换运行效果图

9.1.6 组件中的 data 和 methods

data 和 methods 也是组件的一部分,下面将对它们进行介绍。

关于 data 和 methods,有以下几点内容需要注意。

(1)组件可以拥有自己的数据。

(2)组件中的 data 和实例中的 data 有点不一样,实例中的 data 可以为一个对象,但组件中的 data 必须是一个方法。

(3)组件中的 data 除了是一个方法,还必须返回一个对象。

(4)组件中 data 的使用方式和实例中 data 的使用方式一样。

(5)组件中 methods 的定义和使用与实例中一样。

代码如下:

```
<!DOCTYPE html>
<html lang="en">
<head>
  <meta charset="UTF-8">
  <meta name="viewport" content="width=device-width, initial-scale=1.0">
  <meta http-equiv="X-UA-Compatible" content="ie=edge">
  <title>data</title>
  <script src="vue.js" type="text/javascript" charset="UTF-8"></script>
</head>
<body>
  <div id="app">
    <mycom1></mycom1>
  </div>
  <script>
  Vue.component('mycom1', {
    template: '<h1>这是全局组件 - {{ msg }}{{msg1}}</h1>',
    data: function(){
      return {
        msg: '这是组件中 data',
        msg1:'定义的数据'
      }
```

```
    }
  })
  //创建 Vue 实例，得到 ViewModel
  var vm = new Vue({
    el: '#app',
    data: {
      msg:'这个是实例中 data 的数据'
    },
    methods: {}
  });
</script>
</body>
</html>
```

运行效果如图 9-8 所示。

图 9-8　data 和 methods 运行效果图

9.2　组件通信

组件实例的作用域是相互独立的，这就意味着不同组件之间的数据无法相互引用。一般来说，组件间有以下几种关系，如图 9-9 所示。

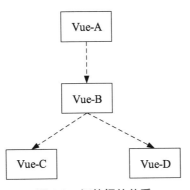

图 9-9　组件间的关系

如图 9-9 所示，VUE-A 和 VUE-B、VUE-B 和 VUE-C、VUE-B 和 VUE-D 都是父子关系，VUE-C 和 VUE-D 是兄弟关系，VUE-A 和 VUE-C 是隔代关系（可能隔多代）。

针对不同的使用场景，如何选择行之有效的通信方式呢？这是本节我们所要探讨的内容。这里总结了 Vue 组件间通信的几种方式，如 props/$emit、$emit 和 $on、vuex、$parent/$children、$attrs 和 $listeners、provide 和 inject 等。下面以通俗易懂的实例讲述它们的差别及应用场景，希望对读者的学习有所帮助。

9.2.1 props/$emit

父组件把需要传递给子组件的数据，以属性绑定（v-bind:）的形式，传递到子组件内部，供子组件使用。子组件需要在内部定义 props 属性。例如，props:['parentmsg']表示把父组件传递过来的 parentmsg 属性，先在 props 数组中定义一下。这样，才能使用传递过来的这个数据。所有 props 中的数据都是通过父组件传递过来的。

1. 父组件向子组件传值

下面通过一个例子，说明父组件如何向子组件传递值。

代码如下：

```
<!DOCTYPE html>
<html>
  <head>
    <meta charset="utf-8">
    <title>props-emit</title>
    <script src="vue.js" type="text/javascript" charset="UTF-8"></script>
  </head>
<body>
  <div id="app">
     <com1 v-bind: parentmsg="msg"></com1>
  </div>
<script>
    //创建 Vue 实例，得到 ViewModel
    var vm = new Vue({
     el: '#app',
     data: {
       msg: '父组件中的数据'
     },
     methods: {},
      components: {
        com1: {
          data(){
            //注意：子组件中的 data 数据并不是通过父组件传递过来的
            //而是子组件自身私有的。例如，子组件通过 Ajax 请求回来的数据，都可以放到 data 上
            return {
              title: 'props',
              content: 'aaa'
            }
          },
          template: '<h1 @click="change">这是子组件 - {{ parentmsg }}</h1>',
      //注意：所有 props 中的数据都是通过父组件传递给子组件的
      //把父组件传递过来的 parentmsg 属性先在 props 数组中定义一下，才能使用数据
          props: ['parentmsg'],
          directives: {},
          filters: {},
          components: {},
          methods: {
            change(){
              this.parentmsg = '被修改了'
            }
          }
        }
```

```
      }
    });
  </script>
</body>
</html>
```

运行效果如图 9-10 所示。

图 9-10 props 运行效果图

提示：组件中的数据共有三种形式，包括 data、props、computed。父组件通过 props 向下传递数据给子组件。

2．子组件向父组件传值

下面通过一个例子，说明子组件如何向父组件传递值。要求：当单击"Vue.js Demo"后，子组件向父组件传递值，文字由原来的"我是一个传递的值"变成"子组件向父组件传值"。

子组件代码如下：

```
//子组件
<template>
  <header>
    <h1 @click="changeTitle">{{title}}</h1>//绑定一个单击事件
  </header>
</template>
<script>
  export default{
    name: 'app-header',
    data(){
      return {
        title:"Vue.js Demo"
      }
    },
    methods:{
      changeTitle(){
        this.$emit("titleChanged","子组件向父组件传值");//自定义事件，传递值为"子组件向父组件传值"
      }
    }
  }
</script>
```

父组件代码如下：

```
//父组件
<template>
  <div id="app">
    <app-header v-on:titleChanged="updateTitle" >
```

```
    </app-header>  //与子组件 titleChanged 自定义事件保持一致，updateTitle 负责接收传递过来的文字
    <h2>{{title}}</h2>
  </div>
</template>
<script>
  import Header from "./components/Header"
  export default {
    name: 'App',
    data(){
      return{
        title:"我是一个传递的值"
      }
    },
    methods:{
      updateTitle(e){    //声明这个函数
        this.title = e;
      }
    },
    components:{
      "app-header":Header,
    }
  }
</script>
```

提示：子组件通过事件形式给父组件发送消息，实际上就是子组件把自己的数据发送到父组件。

9.2.2 $emit 和 $on

$emit 和 $on 方法通过一个空的 Vue 实例作为中央事件总线（事件中心），用它来触发事件和监听事件，巧妙而轻量地实现了任何组件间的通信，包括父子、兄弟、跨代关系。而当项目比较大时，可以选择更好的状态管理解决方案——Vuex。

该方式具体实现方式如下：

```
var Event=new Vue();
Event.$emit(事件名,数据);
Event.$on(事件名,data => {});
```

假设有三个组件，分别是 A 组件、B 组件、C 组件，C 组件如何获取 A 组件或 B 组件的数据呢？下面通过代码形式来讲解。

```
<!DOCTYPE html>
<html>
<head>
  <meta charset="utf-8">
  <title>emit-on</title>
  <script src="vue.js" type="text/javascript" charset="UTF-8"></script>
</head>
<body>
  <div id="itany">
    <my-a></my-a>
    <my-b></my-b>
    <my-c></my-c>
  </div>
  <template id="a">
```

```html
    <div>
      <h3>A 组件：{{name}}</h3>
      <button @click="send">将数据发送给 C 组件</button>
    </div>
  </template>
  <template id="b">
    <div>
      <h3>B 组件：{{age}}</h3>
      <button @click="send">将数据发送给 C 组件</button>
    </div>
  </template>
  <template id="c">
    <div>
      <h3>C 组件：{{name}}，{{age}}</h3>
    </div>
  </template>
  <script type="text/javascript">
```
```javascript
    var Event = new Vue();   //定义一个空的 Vue 实例
      var A = {
        template: '#a',
        data(){
          return {
            name: '聚慕课'
          }
        },
        methods: {
          send(){
            Event.$emit('data-a', this.name);
          }
        }
      }
      var B = {
        template: '#b',
        data(){
          return {
            age: 28
          }
        },
        methods: {
          send(){
            Event.$emit('data-b', this.age);
          }
        }
      }
      var C = {
        template: '#c',
        data(){
          return {
            name: ' ',
            age: " "
          }
        },
        mounted(){              //在模板编译完成后执行
          Event.$on('data-a',name => {
            this.name = name;        //箭头函数内部不会产生新的 this，这里如果不用=>,则 this 指代 Event
```

```
                })
                Event.$on('data-b',age => {
                  this.age = age;
                })
            }
        var vm = new Vue({
          el: '#itany',
          components: {
            'my-a': A,
            'my-b': B,
            'my-c': C
          }
        });
    </script>
</body>
</html>
```

运行效果如图 9-11 所示。

图 9-11 $emit 和$on 运行效果图

$on 监听了自定义事件 data-a 和 data-b。因为有时不确定何时会触发事件，所以一般会在 mounted()或 created()钩子函数中进行判断监听。

9.2.3 $attrs 和 $listeners

当多级嵌套组件需要传递数据时，通常使用的方法是通过 Vuex。但如果仅仅是传递数据，而不做中间处理，用 Vuex 有点大材小用。为此，Vue 2.4 版本中提供了另一种方法，就是$attrs 和$listeners。

（1）$attrs：包含了父作用域中不被 props 所识别（且获取）的特性绑定（class 和 style 除外）。当一个组件没有声明任何 props 时，则会包含所有父作用域的绑定（class 和 style 除外），并且可以通过 v-bind="$attrs"传入内部组件，通常配合 interitAttrs 选项一起使用。

（2）$listeners：包含了父作用域中不含.native 修饰器的 v-on 事件监听器，可以通过 v-on="$listeners"传入内部组件。

doo 的子代码如下：

在项目下新建 Vue 文件，文件名为 index.vue。

```
<template>
  <div>
    <h2>Vue 项目</h2>
    <child-com1
    :foo="foo"
    :boo="boo"
    :coo="coo"
    :doo="doo"
    title="前端工程">
    </child-com1>
  </div>
</template>
<script>
  const child1 =() => import("./child1.vue");
  export default {
    components: { child1 },
    data(){
      return {
        foo: "JavaScript",
        boo: "HTML",
        coo: "CSS",
        doo: "Vue"
      };
    }
  };
</script>
```

在项目下新建 Vue 文件，文件名为 child1.vue。代码如下：

```
<template>
  <div>
    <p>foo: {{ foo }}</p>
    <p>child1 的$attrs: {{ $attrs }}</p>
    <child-com2 v-bind="$attrs"></child-com2>
  </div>
</template>
<script>
  const child2 =() => import("./child2.vue");
  export default {
    components: {
      child2
    },
    inheritAttrs: false,    //可以关闭自动挂载到组件根元素上的没有在props中声明的属性
    props: {
```

```
      foo: String           //foo 作为 props 的属性被绑定
    },
    created(){
      console.log(this.$attrs);
    }
  };
</script>
```

在项目下新建 Vue 文件,文件名为 child2.vue。代码如下:

```
<template>
  <div class="border">
    <p>boo: {{ boo }}</p>
    <p>child2: {{ $attrs }}</p>
    <child-com3 v-bind="$attrs"></child-com3>
  </div>
</template>
<script>
  const child3 =() => import("./child3.vue");
  export default {
    components: {
      child3
    },
    inheritAttrs: false,
    props: {
      boo: String
    },
    created(){
      console.log(this.$attrs);
    }
  };
</script>
```

在项目下新建 Vue 文件,文件名为 child3.vue。代码如下:

```
<template>
  <div class="border">
    <p>coo: {{ coo }}</p>
    <p>child3: {{ $attrs }}</p>
    <child-com4 v-bind="$attrs"></child-com4>
  </div>
</template>
<script>
  const child4 =() => import("./child4.vue");
  export default {
    components: {
      child4
    },
    inheritAttrs: false,
    props: {
      coo: String
    },
    created() {
      console.log(this.$attrs);
    }
  };
</script>
```

```
<style>
</style>
```

在项目下新建 Vue 文件，文件名为 child4.vue。代码如下所示：

```
<template>
  <div class="border">
    <p>doo: {{ doo }}</p>
    <p>child4: {{ $attrs }}</p>
  </div>
</template>
<script>
  export default {
    props: {
      coo: String,
      title: String
    }
  };
</script>
<style>
</style>
```

在上述代码中，$attrs 表示没有继承数据的对象，语法格式为 {属性名:属性值}。

Vue 2.4 中提供了 $attrs 和 $listeners 来传递数据与事件，使跨代组件间的通信变得更简单。简单来说，$attrs 与 $listeners 是两个对象。其中，$attrs 中存放的是父组件中绑定的非 props 属性；$listeners 里存放的是父组件中绑定的非原生事件。

9.2.4 provide 和 inject

作为 Vue 2.2 的新增 API，provide 和 inject 这对选项需要一起使用，以允许一个祖先组件向其所有子孙组件注入一个依赖，而且无论组件层次有多深，在其上下关系成立的时间内始终生效。以一言蔽之，祖先组件中通过 provide 来提供变量，然后在子孙组件中通过 inject 来注入变量。provide 和 inject API 主要解决了跨代组件间的通信问题。不过，它们的应用场景主要是子组件获取上级组件的状态，跨代组件间建立了一种主动提供与依赖注入的关系。

假设有两个组件：A.vue 和 B.vue，其中 B.vue 是 A.vue 的子组件。代码如下：

```
//A.vue
export default {
  provide: {
    name: 'Vue'
  }
}
//B.vue
export default {
  inject: ['name'],
  mounted(){
    console.log(this.name);  //Vue
  }
}
```

在上述代码中可以看到，在 A.vue 中设置了一个 provide:name，值为'Vue'，它的作用就是将 name 这个变量提供给 A.vue 的所有子组件。而在 B.vue 中，通过 inject 注入了由 A.vue 组件中提供的 name 变量，就可以直接通过 this.name 访问这个变量了，它的值也是'Vue'。这就是 provide 和 inject API 最核心的用法。

需要注意的是，provide 和 inject 绑定并不是可响应的。如果传入了一个可监听的对象，那么对象的属性还是可响应的。因此，上述代码中 A.vue 的 name 值如果改变了，B.vue 的 this.name 值是不会改变的，仍然是'Vue'。

1. provide 与 inject 怎么实现数据响应

provide 与 inject 怎么实现数据响应呢？一般来说，有两种方法。

方法 1：用 provide 提供祖先组件的实例，然后在子孙组件中注入依赖，这样就可以在子孙组件中直接修改祖先组件实例的属性。不过，这种方法有个缺点，就是这个实例上会挂载很多没有必要的部分（如 props、methods 等）。

例如，组件 D、组件 E 和组件 F 获取组件 A 传递过来的 color 值，并能实现数据响应式变化，即组件 A 的 color 值变化后，组件 D、组件 E、组件 F 也会跟着变化。

核心代码如下：

```
//A 组件（HTML 代码）
<div>
  <h1>A 组件</h1>
    <button @click="() => changeColor()">修改 color</button>
  <ChildrenB />
  <ChildrenC />
</div>
  //JS 代码
  data(){
    return {
    color: "blue"
    };
  },
//provide(){
//  return {
//    theme: {
//      color: this.color //这种方式绑定的数据并不是可响应的
//    } //即 A 组件的 color 值变化后，组件 D、组件 E、组件 F 不会跟着变化
//  };
//},
  provide(){
    return {
      theme: this//方法 1：提供祖先组件的实例
    };
  },
  methods: {
    changeColor(color){
      if(color){
        this.color = color;
      } else {
        this.color = this.color === "blue" ? "red" : "blue";
      }
    }
  }
```

方法 2：使用 API Vue.observable 优化响应式 provide。

代码如下：

```
provide(){
  this.theme = Vue.observable({
    color: "blue"
  });
  return {
    theme: this.theme
  };
},
methods: {
  changeColor(color){
    if(color){
      this.theme.color = color;
    } else {
      this.theme.color = this.theme.color === "blue" ? "red" : "blue";
    }
  }
}
//F 组件
<template functional>
<div class="border2">
  <h3 :style="{ color: injections.theme.color }">F 组件</h3>
</div>
</template>
<script>
export default {
  inject: {
    theme: {
      //函数式组件取值不一样
      default:() =>({})
    }
  }
};
</script>
```

provide 和 inject 虽然主要为高级插件/组件库提供用例，但如果能在开发中熟练运用，可以达到事半功倍的效果。

9.2.5　$parent/$children 与 ref

$parent/$children：访问父/子实例。需要注意的是，两者都是直接得到组件实例，使用后可以直接调用组件的方法或访问数据。

ref：如果在普通的 DOM 元素上使用，引用指向的就是 DOM 元素；如果用在子组件上，引用指向的就是组件实例。下面介绍用 ref 来访问组件的示例。

```
//子组件 component-a
export default {
data(){
  return {
    title: 'Vue.js'
  }
},
methods: {
```

```
      sayHello(){
        window.alert('Hello');
      }
    }
  }
  //父组件
  <template>
    <component-a ref="comA"></component-a>
  </template>
  <script>
    export default {
      mounted(){
        const comA = this.$refs.comA;
        console.log(comA.title);
        comA.sayHello();   //弹窗
      }
    }
  </script>
```

提示：$parent/$children 和 ref 两种方法都有一个弊端，就是无法在跨代组件或兄弟组件间通信。

```
parent.vue<component-a></component-a><component-b></component-b><component-b></component-b>
```

如果想在 component-a 中访问到引用它的页面（parent.vue）中的两个 component-b 组件，那在这种情况下，就得配置额外的插件或工具了，例如 Vuex 和 BUS 的解决方案。

总结：常见使用场景可以分为三类。

（1）父子通信：父组件向子组件传递数据是通过 props，子组件向父组件是通过 events（$emit）；通过父链/子链也可以通信（$parent / $children）；ref 也可以访问组件实例；provide 和 inject API、$attrs 和$listeners。

（2）兄弟通信：BUS、Vuex。

（3）跨代通信：BUS、Vuex、provide 和 inject API、$attrs 和$listeners。

9.3 自定义事件监听

当子组件需要向父组件传递数据时，就要用到自定义事件。子组件用$emit()来触发事件，父组件用$on()来监听子组件的事件。父组件也可以直接在子组件的自定义标签上使用 v-on 来监听子组件触发的事件。

代码如下：

```
<!DOCTYPE html>
<html>
  <head>
    <meta charset="utf-8">
    <meta name="viewport" content="width=device-width, initial-scale=1.0">
    <meta http-equiv="X-UA-Compatible" content="ie=edge">
    <title>自定义事件监听</title>
    <script src="vue.js" type="text/javascript" charset="UTF-8"></script>
  </head>
  <body>
    <div id="app">
      <p>总数:{{total}}</p>
```

```
    <my-component
      @increase="handleGetTotal"
      @reduce="handleGetTotal">
    </my-component>
  </div>
  <script>
    Vue.component('my-component',{
    template: '\
      <div>\
        <button @click="handleIncrease">-1</button>\
        <button @click="handleReduce">+1</button>\
      </div>',
      data: function() {
        return {
          counter: 0
        }
      },
      methods: {
        handleIncrease: function() {
          this.counter--;
          this.$emit('increase', this.counter);
        },
        handleReduce: function() {
          this.counter++;
          this.$emit('reduce', this.counter);
        }
      }
    });
    var app = new Vue({
      el: '#app',
      data:{
        total: 0
      },
      methods: {
        handleGetTotal: function(total) {
          this.total = total;
        }
      }
    });
  </script>
</body>
</html>
```

运行效果如图 9-12 所示。

图 9-12　自定义事件监听运行效果图

使用$emit()发布事件广播，父组件可以监听子组件向外触发的事件。

代码如下：

```html
<!DOCTYPE html>
<html>
  <head>
    <meta charset="utf-8">
    <meta name="viewport" content="width=device-width, initial-scale=1.0">
    <meta http-equiv="X-UA-Compatible" content="ie=edge">
    <title>自定义事件监听（使用$emit()发布事件）</title>
    <script src="vue.js" type="text/javascript" charset="UTF-8"></script>
  </head>
<body>
    <div id="root">
      <child @click="handleClick"></child>
    </div>
    <script>
      Vue.component('child', {
        template: '<div @click="handleChild">点击我</div>',
         methods: {
           handleChild: function(){
             this.$emit('click');
           }
         }
      })
      var vm = new Vue({
        el: '#root',
        methods: {
          handleClick: function(){
            alert(1);
          }
        }
      })
    </script>
</body>
</html>
```

运行效果如图 9-13 所示。

图 9-13　$emit()发布事件运行效果图

9.4 Vuex 介绍

Vuex 是一个单向数据流，在 Vue 开发中也占据重要的地位。Vuex 作为 Vue 生态的重要组成部分，是对 store 进行管理的一把"利剑"。简而言之，Vuex 是 Vue 的状态管理器。使用 Vuex 可使数据流变得清晰、可追踪、可预测，更可以简单地实现类似时光穿梭等高级功能。对于复杂的大型应用程序来讲，Vuex 的存在将变得尤为重要。面对 store 的切分、store 的模块化、store 的变更、store 的追踪等管理工作，使用 Vuex 管理 store 会大大提高项目的稳定性及扩展性等。

9.4.1 Vuex 的原理

Vuex 实现了一个单向数据流，在全局拥有一个 state 存放数据。当组件要更改 state 中的数据时，必须通过 mutations 进行，mutations 同时提供了订阅者模式供外部插件调用获取 state 更新的数据。而当所有异步操作（常见于调用后端接口异步获取更新数据）或批量的同步操作需要执行 actions 时（但 actions 也是无法直接修改 state 的），还是需要通过 mutations 来修改 state 的数据。最后，根据 state 的变化，渲染到视图上。

9.4.2 Vuex 各个模块在流程中的功能

下面简要介绍各模块在流程中的功能。

（1）Vue components：Vue 组件在 HTML 页面上，负责接收用户操作等交互行为，执行 dispatch 方法触发对应 actions 进行回应。

（2）dispatch：操作行为触发方法，是唯一能执行 actions 的方法。

（3）actions：操作行为处理模块，由组件中的$store.dispatch('action 名称', data1)来触发，然后由 commit() 来触发 mutations 调用，间接更新 state。它负责处理 Vue components 接收到的所有交互行为，包含同步/异步操作，支持多个同名方法，按照注册的顺序依次触发。向后台 API 请求的操作就在这个模块中进行，包括触发其他 actions 及提交 mutations 的操作。该模块提供了 Promise 的封装，以支持 actions 的链式触发。

（4）commit：状态改变提交操作方法，对 mutations 进行提交，是唯一能执行 mutations 的方法。

（5）mutations：状态改变操作方法，由 actions 中的 commit('mutation 名称')来触发。该方法是 Vuex 修改 state 的唯一推荐方法，只能进行同步操作，且方法名只能全局唯一。操作中会有一些 hook 暴露出来，以进行 state 的监控等。

（6）state：页面状态管理器对象，集中存储 Vue components 中 data 对象的零散数据，全局唯一，以进行统一的状态管理。页面显示所需的数据从该对象中进行读取，利用 Vue 的细粒度数据响应机制来进行高效的状态更新。

（7）getters：state 对象读取方法。Vue components 通过该方法读取全局 state 对象。

9.4.3 Vuex 与 localStorage

Vuex 是 Vue 的状态管理器，存储的数据是响应式的，但是并不会保存起来，刷新后就回到了初始状态。具体做法应该是，在 Vuex 中，当数据改变的时候，把数据复制一份保存到 localStorage 中；刷新后，如果 localStorage 中有保存的数据，取出来再替换 store 中的 state 数据。

```
let defaultCity = "上海"try {    //用户关闭了本地存储功能,此时在外层加个 try…catch
```

```
    if(!defaultCity){
      defaultCity = JSON.parse(window.localStorage.getItem('defaultCity'))
    }
  }catch(e){}export default new Vuex.Store({
    state: {
      city: defaultCity
    },
    mutations:{
      changeCity(state, city){
        state.city = city
        try {
          window.localStorage.setItem('defaultCity', JSON.stringify(state.city));
          //数据改变时把数据复制一份保存到 localStorage 中
        } catch(e){}
      }
    }
  })
```

这里需要注意的是，由于在 Vuex 中保存的状态都是数组形式的，而 localStorage 只支持字符串，所以需要用 JSON 转换。代码如下：

```
JSON.stringify(state.subscribeList);
//array -> stringJSON.parse(window.localStorage.getItem("subscribeList"));
//string -> array
```

localStorage 的用法如表 9-1 所示。

表 9-1　localStorage 的用法

功　　能	运　算　符	方　　法
储存	点（.）运算符	localStorage.lastname = 'JSAnntQ'; localStorage.lastname
	方括号（[ ]）运算符	localStorage['lastname'] = 'JSAnntQ'; localStorage['lastname']
	localStorage.setItem	localStorage.setItem("lastname", "JSAnntQ"); localStorage.getItem("lastname");

9.5　动态组件

动态组件可以让页面和功能更加全面化，更加美观。

9.5.1　基本用法

动态组件在前面讲述过渡动画的时候运用过，它的使用可以使页面更加美观、可完成的功能越来越多。下面通过一个示例，来了解其他的基本用法。

代码如下：

```
<!DOCTYPE html>
<html>
  <head>
    <meta charset="utf-8">
```

```html
    <title>动态组件</title>
    <script src="vue.js" type="text/javascript" charset="UTF-8"></script>
    <style>
      .fade-enter,
      .fade-leave-to {
        opacity: 0;
      }
      .fade-enter-active,
      .fade-leave-active {
        transition: opacity 1s;
      }
    </style>
  </head>
<body>
  <div id="app">
    <transition mode="out-in" name="fade">
      <component :is="type"></component>
    </transition>
    <button @click="handleClick">切换</button>
  </div>
  <script>
    Vue.component('child',{
      template: '<div>child</div>'
    })
    Vue.component('child-one',{
      template: '<div>child-one</div>'
    })
    var vm = new Vue({
        el: "#app",
        data: {
          type: 'child'
        },
        methods: {
          handleClick: function(){
            this.type = this.type === 'child' ? 'child-one' : 'child'
          }
        }
    })
  </script>
</body>
</html>
```

运行效果如图 9-14 所示。

图 9-14 动态组件运行效果图

9.5.2 切换钩子函数

当在这些组件之间切换的时候会请求一些请求过的数据,每次请求都会导致重复渲染,影响性能。这些数据可以保存到缓存中。此时使用<keep-alive></keep-alive>将组件包裹起来,但这样八种生命周期钩子函数(见 2.4 节)将失效,取而代之的是 activate 和 deactivate。

在切换过程中,<router-view>组件可以通过实现一些钩子函数来控制切换过程。这些钩子函数包括 data、activate、deactivate、canActivate、canDeactivate、canReuse。下面对这 6 个钩子函数分别进行介绍。

1. data

data:在激活阶段被调用,在 activate 被断定(resolved,指该函数返回的 Promise 被 resolve)前被调用,用于加载和设置当前组件的数据。

①参数:transition{Transition}。

②说明:调用 transition.next(data)会为组件的 data 相应的属性赋值。例如,使用{a:1,b:2},路由会调用 component.$set('a', 1)及 component.$set('b', 2)。

③预期返回值:可选择性返回一个 Promise,或者返回一个包含 Promise 的对象。

data 切换钩子函数会在 activate 被断定(resolved)及界面切换前被调用。切换进来的组件会得到一个名为$loadingRouteData 的元属性,其初始值为 true,在 data 钩子函数被断定后会被赋值为 false。这个属性可用来切换进来的组件展示加载效果。

data 钩子函数和 activate 钩子函数的不同之处在于:前者在每次路由变动时(即使是当前组件可以被重用的时候)都会被调用,但后者仅在组件为新创建时才会被调用。

假设有一个组件对应于路由/message/:id,当前用户所处的路径为/message/1。当用户浏览/message/2 时,当前组件可以被重用,所以 activate 不会被调用。但是我们需要根据新的 id 参数去获取和更新数据,所以大部分情况下,在 data 中获取数据比在 activate 中更加合理。

activate 的作用是控制切换到新组件的时机。data 切换钩子会在 activate 被断定及界面切换前被调用,所以数据获取和新组件的切入动画是并行进行的,而且在 data 被断定前,组件会处在"加载"状态。如果等到获取数据后再显示新组件,用户会感觉在切换前界面被卡住了。如果在 CSS 中定义好相应的效果,就可以用来掩饰数据加载的时间。

代码如下:

1)调用 transition.next

```
route: {
  data: function(transition){
    setTimeout(function(){
      transition.next({
        message: 'data fetched!'
      })
    }, 1000)
  }
}
```

2)返回 Promise

```
route: {
 data: function(transition){
  return messageService
  .fetch(transition.to.params.messageId)
```

```
    .then(function(message){
     return { message: message }
    })
  }
}
```

3）使用 Promise 发送请求

```
route: {
  data({ to: { params: { userId }}}){
    return Promise.all([
    userService.get(userId),
    postsService.getForUser(userId)
    ]).then(([user, post]) =>({ user, post }))
  }
}
```

2. activate

activate：在激活阶段，当组件被创建且将要切换进入的时候被调用。

①参数：transition{Transition}。

②说明：调用 transition.next()可以断定（resolve）这个钩子函数。如果调用 transition.abort()并不会把应用回退到前一个路由状态，因为此时切换已经被确认合法了。

在大多数情况下，这个函数用于控制视图转换的时机，因为视图切换会在这个函数被断定（resolved）后开始。此钩子函数会从上至下进行调用。子组件视图的 activate 只会在父级组件视图 activate 被断定后执行。

3. deactivate

deactivate：在激活阶段，当一个组件要被禁用和被移除时被调用。

①参数：transition {Transition}。

②说明：调用 transition.next()可以断定（resolve）此钩子函数。注意，这里调用 transition.abort()并不会把应用回退到前一个路由状态，因为此时切换已经被确认合法了。

此钩子函数的调用顺序为从下至上。父级组件的 deactivate 会在子级组件的 deactivate 被断定后被调用。新组件的 activate 钩子函数会在所有组件的 deactivate 钩子函数被断定后被调用。

4. canActivate

canActivate：在验证阶段，当一个组件要被切入的时候被调用。

①参数：transition {Transition}。

②说明：调用 transition.next()可以断定（resolve）此钩子函数。调用 transition.abort()可以无效化并取消此次切换。

③预期返回值：可选择性返回 Promise 值为 resolve(true)→transition.next()、resolve(false)→transition.abort()、reject(reason)→transition.abort (reason)；可选择性返回 Boolean 值为 true→transition.next()、false→transition.abort()。

此钩子函数的调用顺序为从上至下。子级组件视图的 canActivate 钩子仅在父级组件的 canActivate 被断定后调用。

5. canDeactivate

canDeactivate：在验证阶段，当一个组件要被切出的时候被调用。

①参数：transition {Transition}。

②说明：调用 transition.next()可以断定（resolve）此钩子函数。调用 transition.abort()可以无效化并取消此次切换。

③预期返回值：可选择性返回 Promise 值为 resolve(true)→transition.next()、resolve(false)→transition.abort()、reject(reason)→transition.abort (reason)；可选择性返回 Boolean 值为 true→transition.next()、false→transition.abort()。

此钩子函数的调用顺序为从下至上。父级组件的 canDeactivate 钩子仅在子级组件的 canDeactivate 被断定后调用。

6. canReuse

canReuse：用来决定组件是否可被重用。如果一个组件不可以被重用，当前实例会被一个新的实例替换，这个新实例会经过正常的验证和激活阶段。

①参数：transition{Transition}。

②说明：此路由配置参数可以是一个 Boolean 值或一个返回同步的返回 Boolean 值的函数。默认值为 true。在 canReuse 钩子函数中只能访问 transition.to 和 transition.from。

③预期返回值：必须返回 Boolean 类型，其他等效的假值会当作 false 对待。

canReuse 会同步调用，而且从上至下对所有可能重用的组件都会调用。如果组件可以重用，它的 data 钩子在激活阶段仍然会被调用。

9.5.3 keep-alive

在使用 Vue.js 进行移动端开发的时候，经常会遇到这样的应用场景：首先让用户看到一个列表，然后单击一个标题，切换到详情的组件，以展示详情。很多应用场景都与此类似，例如先进入商品列表，单击某一个商品条目，则切换到商品详情的组件。

上述这种场景往往会碰到一个问题，即每一次从详情组件退回到列表组件的时候，列表组件会重新发出 Ajax 请求。不妥之处有以下几点。

（1）列表组件上的数据不会在很短时间内更新，没有必要每次都发出 Ajax 请求；否则，会降低用户体验。

（2）会浪费移动设备的流量。

即便是出现第一条这样的问题，在编写代码时也不让它每次退回到列表组件的时候都重新发出 Ajax 请求。如何解决这个问题呢？可以使用 Vue.js 自带的 keep-alive。

keep-alive：是 Vue 的内置组件，能在组件切换过程中将状态保留在内存中，防止重复渲染 DOM。它使用的时候非常简单，示例代码如下：

```
<keep-alive>
   <router-view></router-view>
   <!--这里是会被缓存的组件-->
</keep-alive>
```

这里需要说明的是，本示例使用了 Vue-router，所以这里的<keep-alive></keep-alive>中放置了一对<router-view></router-view>。这是最简单的用法。这样会使所有在 Vue-router 中渲染的组件都将状态保留在内存中。如果只想缓存部分组件的状态，可以使用 keep-alive 的 include 属性。假设有组件 newsList、newsInfo、imageList 和 imageInfo，但是我们只想缓存 newsList 和 imageList 这两个列表组件的数据，则实现代码如下：

```
<keep-alive include="newsList,imageList">
```

```
    <router-view></router-view>
</keep-alive>
```

另外,需要在缓存状态组件的<script></script>部分,给组件添加一个 name 属性。以 newsList 组件为例,代码如下:

```
<template>
  <!-- 这里是 newslist 组件的 HTML 结构部分 -->
</template>
<script>
  export default {
    name: "newsList",   //如果使用了 keep-alive 缓存状态的组件,则组件必须有 name 这个属性
    data(){
      return {}
    }
</script>
```

提示:如果没有使用 keep-alive 缓存状态的组件,可以不添加 name 属性。但是,如果使用了 keep-alive 缓存状态的组件,则此组件必须有 name 这个属性,并且该属性的值还必须与<keep-alive></keep-alive>标签中 include 属性的值完全一致,包括大小写格式。

9.6 slot

slot:插槽,相当于为子组件设置了一个地方,如果在调用它的时候,往它的开闭标签之间放置了内容,那么它就把这些内容放到 slot 中。

当子组件中没有 slot 时,父组件放在子组件标签内的内容将被丢弃。子组件的<slot>标签内可以放置内容,当父组件没有放置内容在子组件标签内时,slot 中的内容会渲染出来;当父组件在子组件标签内放置了内容时,slot 中的内容会被丢弃。

代码如下:

```
<!DOCTYPE html>
<html>
  <head>
    <meta charset="utf-8">
    <title>slot</title>
    <script src="vue.js" type="text/javascript" charset="UTF-8"></script>
  </head>
<body>
  <div id="app">
    <hello>
      lalalala
      <!--给插槽起好名字-->
      <div slot="div1">Vue</div>
      <div slot="div2">你好</div>
    </hello>
  </div>
  <template id="temp">
    <h1>
      hello
      <!--无名插槽-->
      <slot></slot>
```

```
    <!--有名插槽可以根据插槽名切换顺序-->
    <slot name="div2"></slot>
    <slot name="div1"></slot>
  </h1>
</template>
<script type="text/javascript">
var vm=new Vue({
  el:'#app',
  data:{
  },
  components:{
    hello:{
      template:"#temp"
    }
  }
})
</script>
</body>
</html>
```

运行效果如图 9-15 所示。

图 9-15　slot 运行效果图

9.7　就业面试技巧与解析

学完本章内容，会对 Vue 组件基本内容、组件通信、自定义事件监听、Vuex 的介绍、动态组件及 slot（插槽）等内容有一定的了解。下面会对面试过程中出现的问题进行解析，更好地帮助读者学习。

9.7.1　面试技巧与解析（一）

面试官：Vue 组件间是如何传值通信的？
应聘者：
（1）父组件与子组件传值。
①父组件传值给子组件：子组件通过 props 方法接收数据。
②子组件传值给父组件：用$emit 方法传递参数。
（2）非父子组件间的数据传递，如兄弟组件间传值：用 eventBus 创建一个事件中心（相当于中转站），用来传递事件和接收事件。此外，也可以用 Vuex 来实现。

9.7.2 面试技巧与解析（二）

面试官：请阐述 Vue 子组件调用父组件的几种方法。

应聘者：

第一种方法，直接在子组件中通过 this.$parent.event 来调用父组件的方法。

第二种方法，在子组件中用 $emit 向父组件触发一个事件，父组件监听这个事件。

第 10 章

Vue.js 常用插件

 本章概述

本章主要讲解 Vue.js 常用插件的内容，包括 Vue-resource 插件和 Vue-router 插件等。通过本章内容的学习，希望读者对插件有一个多方位的了解。

本章要点

- 前端路由与 Vue-router 路由。
- 状态管理与 Vuex。
- Vue-resource 插件。
- Vue-router 插件。

10.1 前端路由与 Vue-router 路由

提到路由，首先出现在你脑海中关于路由的概念是什么？或许是家里使用的路由器，如图 10-1 所示。在本节中，我们所说的路由是一个网络工程中的术语，就是通过互连的网络把信息从源地址传输到目的地址的网络。在生活中，我们经常使用的路由器主要提供了两种机制：路由和转送。路由是决定了数据包从来源地到目的地的路径；转送是将输入端的数据转移到相应的输出端。除此以外，路由还有一个非常重要的概念——路由表。路由表本质上就是一个映射表，决定了数据包的指向。

目前广泛使用的三大框架都有自己的路由：Angular 的 ngRouter、React 的 ReactRouter 和 Vue 的 Vue-router。本节我们关注的重点是 Vue-router。它是 Vue.js 的官方插件，与 Vue.js 是深度集成的，适合于单页面的构建。Vue-router 是基于路由和组件的。路由用来设定访问地址，将路径和组件映射起来。

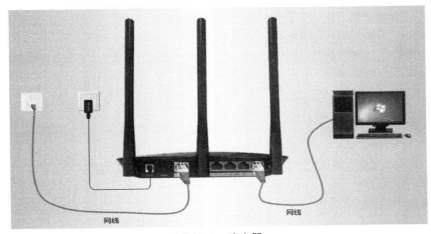

图 10-1　路由器

10.1.1　什么是前端路由

前端路由，即由前端来维护一个路由规则，其实现有两种模式，一种是利用 URL 的 Hash 模式，就是常说的锚点，JavaScript 通过 hashChange 事件来监听 URL 的改变，IE 7 及以下版本需要使用轮询；另一种就是利用 HTML 5 的 History 模式，它使 URL 看起来像普通网站那样，以 "/" 分割，没有 "#"，但是页面并没有跳转。不过使用这种模式需要服务端支持，服务端在接收到所有的请求后，都指向同一个 HTML 文件，不然会出现页面错误。因此，SPA 只有一个 HTML，整个网站所有的内容都在这一个 HTML 文件中，通过 JavaScript 来处理。

前端路由的优点很多，例如页面的持久性，像大部分音乐网站都支持在播放歌曲的同时跳转到别的页面，而音乐没有中断。再如，前后端彻底分离。

10.1.2　Vue-router 路由的高级用法

Vue-router 还为我们提供了路由导航钩子 beforeEach()和 afterEach()，它们会在路由即将改变前和改变后触发。

导航钩子有以下 3 个参数。

（1）to：将要进入的目标路由对象。

（2）from：当前导航即将要离开的路由对象。

（3）next：调用该方法后，才能进入下一个钩子。

通过这两个钩子，可以很好地提升用户体验。例如有一个页面很长，滚动到某个位置再跳转到另外的页面，滚动条默认是在上一个页面停留的位置，而好的体验肯定是能返回顶部，通过钩子 afterEach() 就可以实现。代码如下：

```
//main.js
router.afterEach((to, from, next) => {
  window.scrollTo(0, 0)
})
```

类似的需求还有，从一个页面过渡到另一个页面时，可以出现一个全局的 Loading 动画，等到页面加载完成后，再结束动画。

next()方法还可以设置参数,例如下面的场景:某些页面需要校验是否登录,如果登录了就可以访问,否则就跳转到登录页面。这里通过 localStorage 来简易判断是否登录。代码如下:

```
router.beforeEach((to, from, next) => {
  if(window.localStorage.getItem('token')){
    next()
  } else {
    next('/login')
  }
})
```

正确使用导航钩子可以更方便地实现一些全局功能,更多的可能需要在开发的业务逻辑中不断探索。

10.2 状态管理与 Vuex

本节主要介绍使用 Vue 中的插件,重点在状态管理与 Vuex 的作用上。

10.2.1 状态管理与使用场景

Vuex 作为 Vue 的一个插件使用,可以更好地管理和维护整个项目的组件状态。在实际业务中,经常有跨组件共享数据的需求,Vuex 就是用来统一管理组件状态的。它定义了一系列规范来使用和操作数据,使组件应用更加高效。用 Vuex 有一定的难度和复杂性,在大型单页文件下应用比较广泛,适用于多人合作开发。如果使用的项目不复杂,用 BUS 可以较好地解决这类问题。也并不是在所有的大型合作开发的项目中都必须使用 Vuex,在一些生产环境中只使用 BUS 也能实现得很好,具体选择哪种方式主要取决于团队与技术的发展程度。

提示:使用的每一个框架,都是用来解决问题。虽然我们用 BUS 已经能很好地解决跨组件通信,但它在数据管理、维护、架构设计方面还只是一个简单的组件,而 Vuex 却能更完善和高效地完成状态管理。

10.2.2 安装并使用 Vuex

像我们知道的一样,华为荣耀是华为的,但 Vuex 并不是 Vue 的。Vuex 是一个专为 Vue.js 应用程序开发的状态管理模式。应用前,需要先执行以下命令安装 Vuex。安装结果如图 10-2 所示。

```
npm install -save vuex
```

图 10-2 安装 Vuex

在 main.js 中,通过 Vue.use()使用 Vuex。代码如下:

```
import Vue from 'vue';
import Vuex from 'vuex';
import App from './app.vue';
Vue.use(Vuex);
const store = new Vuex.Store({
//vuex 的配置
});
new Vue({
  el: '#app',
  store: store,
  render: h => {
    return h(App)
  }
});
```

10.2.3 设置与读取数据

仓库 store 包含了应用的数据（状态）和操作过程。Vuex 中的数据都是响应式的，任何组件使用同一 store 的数据时，只要 store 的数据变化，对应的组件也会立即更新。

数据保存在 Vuex 选项的 state 字段内，例如要实现一个计数器，定义一个数据 count，初始值为 0。代码如下：

```
const store = new Vuex.Store({
  state:{
    count:0
  }
});
```

在任何组件内，可以直接通过$store.state.count 读取。代码如下：

```
//index.vue
<template>
  <div>
    <h1>首页</h1>
    {{count}}
  </div>
</template>
<script>
  export default{
    computed:{
      count(){
        return this.$store.state.count
      }
    }
  }
</script>
```

10.2.4 更新数据

来自 store 的数据只能读取，不能手动改变。改变 store 中数据的唯一途径就是显式地提交 mutations。mutations 是 Vuex 的第二个选项，用来直接修改 state 中的数据。给计数器增加 2 个 mutations，用来加 1 和减 1，代码如下：

```
//main.js
```

```js
const store = new Vuex.Store({
  state:{
    count:0
  },
  mutations:{
    increment(state){
      state.count++;
    },
    decrease(state){
      state.count--;
    }
  }
});
```

通过 this.$store.commit 方法来执行 mutations。在 index.vue 中添加两个按钮，用于加和减，代码如下：

```vue
<template>
  <div>
    <h1>首页</h1>
    {{count}}
    <button @click="handleIncrement">+1</button>
    <button @click="handleDecrease">-1</button>
  </div>
</template>
<script>
  export default{
    computed:{
      count(){
        return this.$store.state.count;
      }
    },
    methods:{
      handleIncrement(){
        this.$store.commit('increment');
      },
      handleDecrease(){
        this.$store.commit('decrease');
      }
    }
  }
</script>
```

在上述代码中，看起来很像 JavaScript 的观察者模式，组件只负责提交一个事件名，Vuex 对应的 mutations 来完成业务逻辑。

mutations 还可以接收第二个参数，可以是数字、字符串或对象等类型的。例如每次增加的不是 1，而是指定的数量，可以这样改写代码：

```js
//main.js,部分代码省略
mutations:{
  increment(state, n=1){
    state.count+=n;
  }
}
```

10.3 Vue-resource 插件

Vue-resource 是一个通过 XMLHttpRequest 或 JSONP 技术实现异步加载服务端数据的 Vue 插件，提供了一般的 HTTP 请求接口和 restful 架构请求接口，并且提供了全局方法和 Vue 组件实例方法。本节针对 Vue-resource 插件进行介绍。

10.3.1 引用方式

安装并在 main.js 中导入该插件，具体操作步骤如下。
（1）通过命令，进入当前项目所在目录。
（2）输入以下命令。

```
npm install vue-resource --save
```

（3）安装完后，在 main.js 中导入。代码如下：

```
import VueResource from 'vue-resource'
Vue.use(VueResource)
```

10.3.2 使用方式

引入 Vue-resource，语法格式如下：

```
<script src="./lib/vue-2.4.0.js"></script>
<script src="./lib/vue-resource-1.3.4.js"></script>
```

注意：Vue-resource 依赖于 Vue，所以 Vue-resource 一定要在 Vue 的后面。

常用方法列表如下所示。

```
get(url,[options])
head(url,[options])
delete(url,[options])
jsonp(url,[options])
post(url,[body],[options])
put(url,[body],[options])
patch(url,[body],[options])
```

10.3.3 拦截器的使用

在现代的前端框架上，拦截器基本上是很基础但很重要的一环，例如 Angular 框架原生就支持拦截器配置，那么拦截器到底是什么？它有什么用呢？拦截器能帮助我们解决什么问题呢？
（1）添加统一的 request 参数。
（2）在 header 中加入 X-Requested-With。例如客户端需要实现 sign 和 token 的验证机制、使用$http.get ('/files', params)，拦截器可以拼接成 http://www.xxxx.com/1/files 这样的请求地址。
（3）处理统一的 responseError。
（4）使用重连机制，拿到 error.code 错误码重连，例如 token 过期后，需要重新拿到 token 再次 send request。

在 Vue 项目中，使用 Vue-resource 调用接口的过程中，假设我们需要在任意一个页面调用 HTTP 请求的时候，都在接口请求成功前出现一个 loading，当接口有响应并返回 response 的时候，将 loading 隐藏。如果在页面每一个 HTTP 请求的时候，都添加一次判断，那将造成代码冗余和重复工作量。有没有什么方法可以在请求每一次接口的时候，统一进行处理，再返回给每一个接口呢？

Vue-resource 的 interceptors 正是为这个而生的。在每次 HTTP 请求响应后，如果设置了拦截器，会优先执行拦截器函数，获取响应体，然后才会决定是否把 response 返回给 then 进行接收。我们可以在这个拦截器中添加对响应状态码的判断，来决定是跳转到登录页面还是留在当前页面继续获取数据。

10.3.4 封装 service 层

把 service 引入 Vue 中的原因之一是，在单页面应用中，为了方便代码的管理、提高可读性；还有一个原因就是，在项目开发工程中前端开发者与后端开发者的进程是不同步的，在不同步的情况下，前端开发者会使用假数据来模拟后端传送过来的数据，为了节省后期联调的时间。

service 层主要是新建一个.js 文件，用来编写要用到的方法。

```
import axios from "axios";
//使用假数据
const isRealData = require("../../static/serverconfig").isRealData;
var EquipmentService = {
  getVenders: function(){
    return new Promise((resolve, reject) => {
      //使用真数据
      if(isRealData){
        axios .get("/equipment-venders").then(res => {
          let {code, data, msg} = res.data;
          if(code == 200){
            resolve(data);
          } else {
            reject(msg + ",地址:/venders");
          }
        })
        .catch(error => {
          reject(error.response.status + " " + error.response.data);
        });
      } else {
        …//假数据
      }
    });
  },
}
export {
  EquipmentService
};
```

在要使用的文件中引入 service 层。代码如下：

```
<script>
  import { EquipmentService } from "../../../../services/equipmentService";
</script>
export default {
  mounted(){
    //获取供应商
    EquipmentService.getVenders().then(
```

```
    res=>{
      this.venders = res
    },
    error=>{
      this.Log.info(error)
    }
  )
 }
}
```

选择是使用真实数据还是使用假数据，代码如下。如果用 cli 搭建的文件，需在 static 下面新建一个 serverconfig.json 文件。

```
{
    "isRealData": true
}
```

10.3.5 Vue-resource 优点

（1）体积小：Vue-resource 非常小巧，压缩后只有大约 12KB，服务端启用 zip 压缩后只有 4.5KB，这远比 jQuery 的体积要小得多。

（2）支持主流浏览器：和 Vue.js 一样，Vue-resource 除了不支持 IE 9 以下的浏览器，其他主流的浏览器都支持。

（3）支持 Promise API 和 URI Templates：Promise 是 ES 6 所具有的特性，Promise 对象用于异步计算。URI Templates 表示 URI 模板，有些类似于 ASP.NET MVC 的路由模板。

（4）支持拦截器：拦截器是全局的，可以在请求发送前和发送请求后做一些处理。拦截器在一些场景下会非常有用，例如请求发送前，在 headers 中设置 access_token，或者在请求失败时，提供共通的处理方式。

10.4 Vue-router 插件

本节主要介绍 Vue-router 插件。通过对以下几个方面进行详细的介绍，以期读者能够对插件有所了解。

10.4.1 引用方式

1．安装

首先，通过 npm 安装 Vue-router 插件，执行命令如下：

```
npm install --save vue-router
```

安装的插件版本是：vue-router@3.0.2。

2．用法

1）新建 Vue 组件

在 router 目录中，新建 views 目录，然后新建两个 Vue 组件（一个页面就对应一个组件）。代码如下：

```
<template>
   <div>首页</div>
</template>
```

```
<script>
  export default {
    name: "index.vue"
    }
</script>
<style scoped>
</style>
```

2）修改 main.js

代码如下：

```
//引入 Vue 框架
import Vue from 'vue'
import VueRouter from 'vue-router';
//引入 hello.vue 组件
import Hello from './hello.vue'
//加载 vue-router 插件
Vue.use(VueRouter);
/*定义路由匹配表*/
const Routers =[{
  path: '/index',
  component:(resolve)=>require(['./router/views/index.vue'], resolve)
},
  {
    path: '/about',
    component:(resolve) => require(['./router/views/about.vue'], resolve)
  }]
//路由配置
const RouterConfig = {
  //使用 HTML 5 的 history 路由模式
  mode: 'history',
  routers: Routers
};
//路由实例
const router = new VueRouter(RouterConfig);
new Vue({
  el: '#app',
  router: router,
  render: h => h(Hello)
})
```

上述代码实现步骤如下。

（1）加载 Vue-router 插件。

（2）定义路由匹配表，每个路由映射到一个组件。

（3）配置路由。

（4）新建路由实例。

（5）在 Vue 实例中引用路由实例。

3）配置 History 路由指令

在 package.json 中，修改 dev 指令如下：

```
"dev": "webpack-dev-server --open --history-api-fallback --config webpack.config.js",
```

4）挂载路由组件

在根实例，挂载路由组件。代码如下：

```
<template>
  <div>
    <router-view></router-view>
  </div>
</template>
```

运行时，<router-view>会根据当前所配置的路由规则，渲染出不同的页面组件。主界面中的公共部分（如侧边栏、导航栏及底部版权信息栏）可以直接定义在根目录，与<router-view>同级。这样，当切换路由时，切换的只是<router-view>挂载的组件，其他内容不会变化。

5）运行

执行 npm run dev 命令后，在浏览器地址栏中输入不同的 URL，就会看到挂载的不同组件信息。

```
http://localhost:8080/index
http://localhost:8080/about
```

6）重定向

我们可以在路由配置表中配置一项功能，即当访问的页面不存在时，重定向到首页。代码如下：

```
const Routers = [
{//当访问的页面不存在时，重定向到首页
  path: '*',
  redirect: '/index'
}
]
```

7）带参数的路由

路由 path 可以带参数。例如文章 URL，路由的前半部分是固定的，后半部分是动态参数，形如：/article/xxx。它们会被路由到同一个页面，在该页面可以获取 xxx 参数，然后根据这个参数来请求数据。

首先在 main.js 中配置带参数的路由规则。代码如下：

```
const Routers = [{
  {
    path: '/article/:id',
    component:(resolve) => require(['./router/views/article.vue'], resolve)
  }
]
```

然后在 router 目录的 views 目录下新建一个 article.vue。代码如下：

```
<template>
  <div>{{$route.params.id}}</div>
</template>
<script>
export default {
  name: "article",
  mounted(){
    console.log(this.$route.params.id);
  }
}
</script>
<style scoped>
</style>
```

10.4.2 基本用法

(1) 在项目根目录下新建一个 router，安装 Vue-router 插件。执行命令如下：

```
npm install --save vue-router
```

(2) 在入口文件 main.js 中使用 Vue.use() 加载插件。代码如下：

```
import Vue from ' vue '
import VueRouter from 'vue-router'
import App from './app.vue'
Vue.use(VueRouter);
```

(3) 每个页面对应一个组件，也就是对应一个 .vue 文件。在 router 目录下创建 views 目录，用于存放所有页面，然后在 views 中创建 index.vue 和 about.vue 两个文件。代码如下：

```
//index.vue
<template>
  <div>首页</div>
</template>
<script>
  export default { }
</script>


//about.vue
<template>
  <div>介绍页</div>
</template>
<script>
  export default { }
</script>
```

(4) 返回到 main.js 中，完成路由的配置。代码如下：

```
const Routers = [{
  path: '/index',
  component:(resolve) => require(['./views/index.vue'], resolve)
},
{
  path: '/about',
  component:(resolve) => require(['./views/about.vue'], resolve)
}
]
```

上述代码中，Routers 中每一项的 path 属性就是指定当前匹配的路径，component 是映射的组件。上例的写法，webpack 会把每一个路由都打包为一个 JS 文件；在请求该页面时，才去加载这个页面的 JS，也就是异步实现的懒加载（按需加载）。

(5) 在 main.js 中完成路由的其他配置和新建路由实例。代码如下：

```
const RouterConfig={
//使用 HTML 5 的 history 模式
  mode: ' history ',
  routers: Routers
}
const router = new VueRouter(RouterConfig);
new Vue({
```

```
  el: '#app',
  router: router,
  render: h => {
    return h(App)
  }
})
```

（6）配置好后，在根实例 App.vue 中添加一个路由视图<router-view>来挂载所有的路由组件。代码如下：

```
<template>
  <router-view></router-view>
</template>
<script>
  export default { }
</script>
```

运行网页时，<router-view>会根据当前路由配置动态渲染不同页面组件。网页中一些公共部分（如顶部的导航栏、侧边导航栏、底部版权信息栏也可以直接定义在 App.vue 中，与<router-view>同级。路由切换时，切换的是<router-view>挂载的组件，其他内容并不会发生变化。

（7）执行 npm run dev 命令启动服务，然后访问 http://localhost:8080/index 和 http://localhost:8080/about 就可以访问这两个页面了。

（8）在路由列表中，可以在最后新加一项功能，即当访问的路径不存在时，重定向到首页。代码如下：

```
const Routers = [
{
  path: '*',
  redirect: '/index'
}
]
```

这样，访问 localhost:8080 就自动跳转到 localhost:8080/index 页面了。

路由列表的 path 也可以带参数。例如在个人主页的场景下，路由一部分是固定的，一部分是动态的，形如：/user/123456，其中 id "123456" 就是动态的，但它们会被路由到同一个页面。在这个页面中，若期望获取这个 id，然后请求相关数据，则在路由中可以这样配置参数：

```
//main.js
const Routers = [
{
  path: '/user/:id',
  componet:(resolve) => require(['./views/user.vue'], resolve)
},
{
  path: '*',
  redirect: '/index'
}
]
//在 router 目录的 views 目录下，新建 user.vue 文件
<template>
  <div>{{ $route.params.id }}</div>
</template>
<script>
export default{
  mounted(){
```

```
        console.log(this.$route.params.id)
    }
}
</script>
```

上述代码中的 this.$route 可以访问到当前路由的很多信息,可以打印出来看看都有什么,在开发中会经常用到里面的数据。

因为配置的路由是"/user/:id",所以直接访问 localhost:8080/user 会重定向到/index,需要带一个 id 才能访问到 user.vue,例如 localhost:8080/user/123456。

10.4.3 Vue-router 跳转页面的方式

Vue-router 有两种跳转页面的方式,第一种是使用内置的<router-link>组件,它会被渲染为一个 a 标签。

```
<template>
  <div>
    <h1>首页</h1>
    <router-link to="/about">跳转到 about</router-link>
  </div>
</template>
```

<router-link>的用法和一般组件一样,to 是一个 prop 指向需要跳转的路径,当然也可以使用 v-bind 动态的设置。<router-link>还有其他的 prop,常用的有以下几个。

(1) tag:tag 用来指定渲染成什么标签,例如<router-link to="/about" tag="li">的渲染结果就是 li 标签而不是 a 标签。

(2) replace:使用 replace 不好保留 History 记录,所以导航后不能用后退键返回上一个页面。例如:

```
<router-link to="/about" replace></router-link>
```

(3) active:当<router-link>对应的路由匹配成功时,会自动给当前元素设置一个名为 router-link-active 的 class,设置 prop: active-class 可以修改默认的名称。在制作导航栏时,可以使用该功能高亮显示当前页面对应的导航菜单项。

第二种是使用 v-link。v-link 是一个用来让用户在 Vue-router 应用的不同路径间跳转的指令。该指令接收一个 JavaScript 表达式,并会在用户单击元素时用该表达式的值去调用 router.go。

```
<!-- 字面量路径 -->
<a v-link="'home'">Home</a>
<!-- 效果同上 -->
<a v-link="{ path: 'home' }">Home</a>
<!-- 具名路径 -->
<a v-link="{ name: 'user', params: { userId: 123 }}">User</a>
```

1) class

带有 v-link 指令的元素,如果 v-link 对应的 URL 匹配当前路径,该元素会被添加特定的 class。默认添加的 class 是 v-link-active,而判断是否活跃使用的是包含性匹配。举例来说,一个带有指令 v-link="/a" 的元素,只要当前路径以/a 开头,此元素即会被判断为活跃。

连接是否活跃的匹配也可以通过 exact 内联选项来设置为只有当路径完全一致时才匹配。代码如下:

```
<a v-link="{path:'/a', exact: true }"></a>
```

链接活跃时的 class 名称可以通过在创建路由器实例时指定 linkActiveClass 全局选项来自定义,也可以通过 activeClass 内联选项来单独指定。代码如下：

```
<a v-link="{ path: '/a', activeClass: 'custom-active-class' }"></a>
```

2）replace

一个带有 replace: true 选项的链接被单击时将会触发 router.replace()，而不是 router.go()。由此产生的跳转不会留下历史记录。代码如下：

```
<a v-link="{ path: '/abc', replace: true }"></a>
```

3）append

带有 append: true 选项的相对路径链接会确保该相对路径始终添加到当前路径之后。举例来说，从/a 跳转到相对路径 b 时，如果没有 append: true 则会跳转到/b，但有 append: true 则会跳转到/a/b。

```
<a v-link="{ path: 'relative/path', append: true }"></a>
```

v-link 会自动设置<a>的 href 属性。根据 Vue.js 1.0 binding syntax，v-link 不再支持包含<mustache>标签。但可以用常规的 JavaScript 表达式代替<mustache>标签，例如 v-link="'user/' + user.name"。

10.4.4　router 钩子函数

router 钩子函数主要分为三个模块，下面我们针对这三个模块进行介绍。

模块一：全局导航钩子函数。

vue router.beforeEach（全局前置守卫）是一个全局的钩子函数，意味着在每次每一个路由改变时都执行一遍。

它包括以下三个参数。

（1）to：即将要进入的目标路由对象。to 对象下面的属性包括：path、params、query、hash、fullPath、matched、name、meta。

（2）from：当前导航正要离开的路由对象。

（3）next：一定要调用该方法来 resolve 这个钩子。调用方法有如下几种。

①next（参数或者空）：必须调用。

②next（无参数时）：执行下一个钩子函数，如果走到最后一个钩子函数，那么导航的状态就是 confirmed。

③next('/')或者 next({path:'/'})：跳转到一个不同的地址。当前的导航被中断，然后进行一个新的导航。

应用场景：可进行一些页面跳转前处理，例如判断需要登录的页面进行拦截，做登录跳转。代码如下：

```
router.beforeEach((to, from, next) => {
    if(to.meta.requireAuth){
        //判断该路由是否需要登录权限
        if(cookies('token')){
            //通过封装好的 cookies 读取 token，如果存在，接下一步；如果不存在，则跳转回登录页
            next()//不要在 next 里面加"path:/"，否则会陷入死循环
        }
        else {
          next({
            path: '/login',
              query: {redirect: to.fullPath}//将跳转的路由 path 作为参数，登录成功后跳转到该路由
          })
        }
    }
    else {
```

```
        next()
    }
})
```

应用场景:进入页面登录判断、管理员权限判断、浏览器判断。代码如下:

```
//使用钩子函数对路由进行权限跳转
router.beforeEach((to, from, next) => {
    const role = localStorage.getItem('ms_username');
    if(!role && to.path !== '/login'){
      next('/login');
    }else if(to.meta.permission){
      //如果是管理员权限则可进入,这里只是简单的模拟管理员权限而已
      role === 'admin' ? next() : next('/403');
    }else{
      //简单的判断IE 10及IE 10以下不进入富文本编辑器,该组件不兼容
      if(navigator.userAgent.indexOf('MSIE') > -1 && to.path === '/editor'){
        Vue.prototype.$alert('vue-quill-editor组件不兼容IE 10及IE 10以下浏览器,请使用更高版本的浏览器查看', '浏览器不兼容通知', {
            confirmButtonText: '确定'
        });
      }else{
        next();
      }
    }
})
```

模块二:路由独享的守卫(路由内钩子)。

可以在路由配置上直接定义 beforeEnter 守卫,代码如下:

```
const router = new VueRouter({
 routes: [
   {
     path: '/foo',
     component: Foo,
     beforeEnter:(to, from, next) => {
     }
   }
 ]
```

beforeEnter 守卫中的参数与全局前置守卫函数的参数是一样的。

模块三:组件内的守卫(组件内钩子)。

1) beforeRouteEnter、beforeRouteUpdate、beforeRouteLeave

```
const Foo = {
 template: '…',
 beforeRouteEnter(to, from, next){
    //在渲染该组件的对应路由被confirm前调用
    //不能获取组件实例this
    //因为当钩子执行前,组件实例还没被创建
 },
 beforeRouteUpdate(to, from, next){
    //在当前路由改变,但是该组件被复用时调用
    //举例来说,对于一个带有动态参数的路径/foo/:id,在/foo/1和/foo/2之间跳转的时候,
    //由于会渲染同样的Foo组件,因此组件实例会被复用。而这个钩子就会在这个情况下被调用。
    //可以访问组件实例'this'
```

```
},
beforeRouteLeave(to, from, next){
    //导航离开该组件的对应路由时调用
    //可以访问组件实例 'this'
}
```

2）beforeRouteLeave 的应用场景

（1）清除当前组件中的定时器。假设组件中有一个定时器，在路由进行切换的时候，可以使用 beforeRouteLeave 将定时器清除，以免占用内存。

```
beforeRouteLeave(to, from, next){
 window.clearInterval(this.timer)     //清除定时器
   next()
}
```

（2）当页面中有未关闭的窗口或未保存的内容时，阻止页面跳转。如果页面内有重要的信息需要用户保存后才能进行跳转，或者有弹出框的情况，应该阻止用户跳转，可结合 Vuex 状态管理（dialogVisibility 是否有保存）进行操作。

```
beforeRouteLeave(to, from, next){
//判断是否弹出框的状态和保存信息与否
  if(this.dialogVisibility === true){
     this.dialogVisibility = false       //关闭弹出框
     next(false)                         //回到当前页面，阻止页面跳转
  }else if(this.saveMessage === false){
     alert('请保存信息后退出!')          //弹出警报信息
     next(false)                         //回到当前页面，阻止页面跳转
  }else {
     next()                              //否则允许跳转
  }
}
```

（3）保存相关内容到 Vuex 中或 Session 中。当用户需要关闭页面时，可以将公用的信息保存到 Session 或 Vuex 中。

```
beforeRouteLeave(to, from, next){
    localStorage.setItem(name, content);   //保存到 localStorage 中
    next()
}
```

10.5　就业面试技巧与解析

学完本章内容，会对 Vue 路由、插件等有一定了解，更好地帮助读者学习。

10.5.1　面试技巧与解析（一）

面试官：Vue.js 插件中的全局方法、全局资源和实例方法的区别是什么？

应聘者：

（1）全局方法，即可以理解为与 window.myGlobalMethod 一样，通过 Vue.myGlobalMethod 来调用，就是一个定义在 Vue 下的静态方法而已。

（2）全局资源，定义了一个全局指令，具体可参考 Vue 的自定义指令章节，并没有什么不同，只是说

在插件中还定义了一个指令。当然也可以定义过滤器等。

（3）实例方法，可回想一下 JS 中类的概念，prototype 原型链的含义，这里实例方法可以在组件内部通过 this.$myMethod 来调用。

10.5.2 面试技巧与解析（二）

面试官：在 Vue 中使用插件的步骤是什么？

应聘者：

（1）采用 ES 6 的 import…from…语法或 CommonJS 的 require()方法引入插件。

（2）使用全局方法以 Vue.use(plugin)形式使用插件，可以传入一个选项对象：Vue.use(MyPlugin, {someOption: true})。

如使用懒加载插件，代码如下：

```
Vue.use(VueLazyload, {
    loading: require('common/image/default.png')
})
```

第 11 章
Vue.js 实例方法

本章概述

本章主要讲解 Vue.js 的虚拟 DOM、实例属性、实例方法等内容，为后面更加深入地学习做铺垫、为使用 Vue.js 前端框架开发项目奠定基础。通过本章内容的学习，读者可以简单了解 Vue.js 中虚拟 DOM 及使用它的好处、组件树的访问、DOM 的访问、数据的访问、DOM 的使用、event 方法的使用、watch() 的使用及 nextTick() 的使用等。

本章要点

- 虚拟 DOM 的定义。
- 虚拟 DOM 的优点。
- 组件树的访问。
- 虚拟 DOM 的访问。
- 数据访问。
- 实例方法的使用。

11.1 虚拟 DOM 简介

Vue 2.0 中引入了虚拟 DOM，使用 DOM 可以使组件高度抽象化，可以更好地实现同构渲染、实现框架跨平台等。

11.1.1 虚拟 DOM 是什么

Vue 通过建立一个虚拟 DOM 树对真实 DOM 发生的变化保持追踪。一棵真实 DOM 树的渲染需要先解析 CSS 样式和 DOM 树，然后将其整合成一棵渲染树，再通过布局算法去计算每个节点在浏览器中的位置，最终输出到显示器上。而虚拟 DOM 则可以理解为保存了一棵 DOM 树被渲染前所包含的所有信息，这些信息可以通过对象的形式一直保存在内存中，并通过 JavaScript 的操作进行维护。

下面介绍传统 DOM 操作和虚拟 DOM 操作的不同点。

```
<ul>
  <li>A</li>
  <li>B</li>
  <li>C</li>
</ul>
```

如上面 DOM 结构所示，现需要将 A 所在的标签删除，在 C 所在的标签后面加入一个包含 D 的<li>标签。用传统 jQuery 操作 DOM 的思想，可以先删除<li>A</li>标签（remove），再插入<li>D</li>标签（append）。该操作包含了两个 JavaScript 和 DOM 之间的交互操作，虽说 JavaScript 的设计初衷就是实现 DOM 交互，但这种操作的性能问题依旧存在，所以一般尽量减少 JavaScript 和 DOM 的交互。虚拟 DOM 就是为了减少这种交互而设计的。

那么虚拟 DOM 是如何处理上述问题的呢？

（1）通过树的形式保存旧的 DOM 信息，这些信息可能在页面第一次加载时被渲染到浏览器中，但仍是通过虚拟 DOM 的方式创建的。

（2）检测到数据更新，需要更新 DOM，先在 JavaScript 中将需要修改的节点全部修改完。

（3）将最终生成的虚拟 DOM 更新到视图中去。

上述三个步骤只需要进行一次 DOM 交互就可以完成视图的更新。因为所有有关 DOM 的操作都预先通过操作数据方式在 JavaScript 中完成了，可以更好地维护数据。

虚拟 DOM 的最终目标是将虚拟节点渲染到视图上，但是如果直接使用虚拟节点覆盖旧节点，会有很多不必要的 DOM 操作，造成页面渲染很慢。例如，一个<ul>标签下很多个<li>标签，其中只有一个<li>有变化，这种情况下如果使用新的<ul>去替代旧的<ul>，会因这些不必要的 DOM 操作而造成了性能上的浪费。

为了避免不必要的 DOM 操作，虚拟 DOM 在虚拟节点映射到视图的过程中，将虚拟节点与上一次渲染视图所使用的旧虚拟节点（oldVnode）做对比，找出真正需要更新的节点来进行 DOM 操作，从而避免操作其他无须改动的 DOM。

其实虚拟 DOM 在 Vue.js 主要做了两件事：①提供与真实 DOM 节点所对应的虚拟节点 VNode。②将虚拟节点 VNode 和旧虚拟节点 oldVnode 进行对比，如果有不同之处，只更改不同之处就可以。

11.1.2 为什么要使用虚拟 DOM

首先需要了解浏览器显示网页经历的五个过程，具体如下所示。

（1）解析标签，生成元素树（DOM 树）。

（2）解析样式，生成样式树。

（3）生成元素与样式的关系。

（4）生成元素的显示坐标。

（5）显示页面。

若修改真实的元素，那么上述的五个过程将重新走一遍，修改几次就走几次。如果使用虚拟 DOM，虚拟 DOM 存储在内存中，对每个元素的修改是在虚拟 DOM 中进行。修改完后，比较虚拟 DOM 和真实 DOM 的差异，当有差异时，再一次过去更新网页的显示，而不是每次都重新按照浏览器的运行过程走。

关于虚拟 DOM 的优点，具体总结有以下几点。

（1）保证性能下限：框架的虚拟 DOM 需要适配任何上层 API 可能产生的操作，它的一些 DOM 操作的实现必须是普适的，所以它的性能并不是最优的；但是比起粗暴的 DOM 操作性能要好很多，因此框架的虚拟 DOM 至少可以保证在不需要手动优化的情况下，依然可以提供还不错的性能，即保证性能的下限。

（2）无须手动操作 DOM：不再需要手动去操作 DOM，只需要编写好 View-Model 的代码逻辑，框架会根据虚拟 DOM 和数据双向绑定，以可预期的方式更新视图，极大提高我们的开发效率。

（3）跨平台：虚拟 DOM 本质上是 JavaScript 对象，而 DOM 与平台强相关。相比之下，虚拟 DOM 可以进行更方便地跨平台操作，例如服务器渲染、Weex 开发等。

为了实现高效的 DOM 操作，一套高效的虚拟 DOM diff 算法显得很有必要。我们通过 patch 的核心——diff 算法，找出本次 DOM 需要更新的节点来更新，其他的不更新。那 diff 算法的实现过程是怎样的？下面将会对它进行介绍。

diff 算法本身非常复杂，实现难度很大。下面简单介绍 diff 两个核心函数的实现流程。

（1）patch(container,vnode)：初次渲染的时候，将虚拟 DOM 渲染成真正的 DOM，然后插入到容器里面。

通过 patch(container,vnode)这个函数可以让 VNode 渲染成真正的 DOM。我们通过以下模拟代码，可以了解大致过程。代码如下：

```
function createElement(vnode){
   var tag = vnode.tag
   var attrs = vnode.attrs || {}
   var children = vnode.children || []
      if(!tag){
        return null
      }
      //创建真实的 DOM 元素
      var vm = document.createElement(tag)
      //属性
      var attrName
      for(attrName in attrs){
         if(attrs.hasOwnProperty(attrName)){
         //添加属性
            vm.setAttribute(attrName, attrs[attrName])
         }
      }
      //子元素
      children.forEach(function(childVnode){
         //给 vm 添加子元素，如果还有子节点，则递归地生成子节点
         vm.appendChild(createElement(childVnode))
         //递归
      })
      //返回真实的 DOM 元素
      return vm
}
```

（2）patch(vnode,newVnode)：再次渲染的时候，将新的 VNode 和旧的 VNode 相对比，然后之间差异应用到所构建的真正 DOM 树上。

下面介绍 VNode 与 newVnode 如何对比的情况。代码如下：

```
function updateChildren(vnode, newVnode){
   var children = vnode.children || []
   var newChildren = newVnode.children || []
   //遍历现有的 children
```

```
      children.forEach(function(childVnode, index){
        var newChildVnode = newChildren[index]
        if(childVnode.tag === newChildVnode.tag){
           //深层次对比，递归
           updateChildren(childVnode, newChildVnode)
        } else {
           //两者 tag 不一样
           replaceNode(childVnode, newChildVnode)
        }
      })
    }
```

11.2 实例属性

Vue 实例暴露了一些有用的实例属性与方法。这些属性与方法都有前缀$，以便与代理的数据属性区分。

11.2.1 组件树的访问

组件树的访问有以下几种方式。

（1）$parent：用来访问组件实例的父实例。

（2）$root：用来访问当前组件树的根实例。

（3）$children：用来访问当前组件实例的直接子组件实例。

（4）$refs：用来访问 v-ref 指令的子组件。

11.2.2 虚拟 DOM 的访问

虚拟 DOM 的访问有以下几种方式：

（1）$el：用来挂载当前组件实例的 DOM 元素。

（2）$els：用来访问$el 元素中使用了 v-el 指令的 DOM 元素。

代码如下：

```
<!DOCTYPE html>
<html>
  <head>
    <meta charset="utf-8">
    <title>虚拟 DOM</title>
    <script src="vue.js" type="text/javascript" charset="UTF-8"></script>
  </head>
<body>
    <div id="app">
      {{ message }}
    </div>
 <script>
    var vm = new Vue({
      el:"#app",
      data:{
        message : "我要学习 VUE"
      }
    });
```

```
        console.log(vm.$el);
        vm.$el.style.color = "red";
    </script>
</body>
</html>
```

运行的效果如图 11-1 所示。

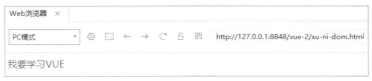

图 11-1 虚拟 DOM 的访问运行效果图

11.2.3 数据访问

数据访问有以下几种方式。
（1）$data：用来访问组件实例观察的数据对象。
（2）$options：用来访问组件实例化时的初始化选项对象。

11.3 实例方法

本节对常用实例方法进行介绍，包括实例 DOM 方法、event 方法、$watch()方法和$nextTick()方法。

11.3.1 实例 DOM 方法的使用

DOM 方法的使用有以下几点注意事项。
（1）$appendTo(elementOrSelector, callback)：将 el 所指的 DOM 元素插入目标元素。
（2）$before(elementOrSelector, callback)：将 el 所指的 DOM 元素或片段插入目标元素之前。
（3）$after(elementOrSelector, callback)：将 el 所指的 DOM 元素或片段插入目标元素之后。
（4）$remove(callback)：将 el 所指的 DOM 元素或片段从 DOM 中删除。
（5）$nextTick(callback)：用来在下一次 DOM 更新循环后执行指定的回调函数。

11.3.2 实例 event 方法的使用

event 方法的监听使用方法有以下几点注意事项。
（1）$on(event, callback)：监听实例的自定义事件。
（2）$once(event, callback)：监听实例的自定义事件，但是只能触发一次。
event 方法的触发使用方法有以下几点注意事项。
（1）$dispatch(event, args)：派发事件，先在当前实例触发，再沿父链一层层向上，对应的监听函数返回 false 则停止。
（2）$broadcast(event, args)：广播事件，遍历当前实例的$children，如果对应的监听函数返回 false，就停止。

（3）$emit(event, args)：触发事件。

代码如下：

```html
<!DOCTYPE html>
<html>
  <head>
    <meta charset="utf-8">
    <title>event</title>
    <script src="vue.js" type="text/javascript" charset="UTF-8"></script>
  </head>
<body>
  <div id="app">
    <p>{{ num }}</p>
    <button @click="increase1"> add </button>
  </div>
  <button onclick="reduce2()"> 减少 2</button>
  <button onclick="offReduce()">非还原</button>
  <script>
    var vm = new Vue({
      el:"#app",
      data:{
        num:10
      },
      methods:{
        increase1:function(){
          this.num ++;
        }
      }
    });
    //.$on()定义事件；.$once()定义只触发一次的事件
    vm.$on("reduce",function(diff){
      vm.num -= diff ;
    });
    //.$emit()触发事件
    function reduce2(){
      vm.$emit("reduce",2);
    }
    function offReduce(){
      vm.$off("reduce");
    }
  </script>
</body>
</html>
```

运行的效果如图 11-2 所示。

图 11-2　实例 event 方法运行效果图

11.3.3 vm.$watch()的使用

vm.$watch()的使用方法（在前面讲述事件监听内容的时候，简单讲过 watch）。
代码如下：

```
var data = { a: 1 }
var vm = new Vue({
  el: '#app',
  data: data
})
vm.$data === data //-> true
vm.$el === document.getElementById('example') //-> true
//$watch()是一个实例方法
vm.$watch('a', function(newVal, oldVal){
})//这个回调将在 'vm.a' 改变后调用
```

11.3.4 vm.$nextTick()的使用

vm.$nextTick()用于将回调延迟到下次 DOM 更新循环后执行。在修改数据后立即使用它，然后等待 DOM 更新。它跟全局方法 Vue.nextTick()一样，不同的是回调的 this 自动绑定到调用它的实例上。
代码如下：

```
<!DOCTYPE html>
<html>
  <head>
    <meta charset="utf-8">
    <title>nextTick</title>
    <script src="vue.js" type="text/javascript" charset="UTF-8"></script>
  </head>
<body>
  <div id="app"></div>
  <button onclick="vm.$destroy()">销毁实例</button>
  <button onclick="vm.$forceUpdate()">刷新构造器</button>
  <button onclick="edit()">更新</button>
 <script>
   var Header = Vue.extend({
     template:'<p>{{ message}}</p>',
     data:function(){
       return {
         message:"Vue 课程"
       }
     },
     updated:function(){
       console.log("updated 更新之后");
     },
     destroyed:function(){
       console.log("destroy 销毁之后");
     }
   });
   var vm = new Header().$mount("#app");
     function edit(){
       vm.message = "new message";    //更新数据
```

```
            vm.$nextTick(function(){        //更新完成后调用
                console.log("更新完后,我被调用");
            })
        }
    </script>
</body>
</html>
```

运行的效果如图 11-3 所示。

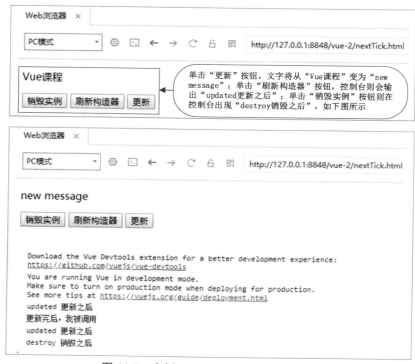

图 11-3　实例 nextTick()方法运行效果图

11.4　就业面试技巧与解析

学完本章内容，会对虚拟 DOM、实例属性、实例方法有个基本了解。下面对面试过程中出现的问题进行解析，更好地帮助读者学习。

11.4.1　面试技巧与解析（一）

面试官：组件树的访问有几种方式？

应聘者：

（1）$parent：用来访问组件实例的父实例。

（2）$root：用来访问当前组件树的根实例。

（3）$children：用来访问当前组件实例的直接子组件实例。

（4）$refs：用来访问 v-ref 指令的子组件。

11.4.2 面试技巧与解析（二）

面试官：虚拟 DOM 的优点有哪些？

应聘者：

（1）保证性能下限：框架的虚拟 DOM 需要适配任何上层 API 可能产生的操作，它的一些 DOM 操作的实现必须是普适的，所以它的性能并不是最优的；但是比起粗暴的 DOM 操作性能要好很多，因此框架的虚拟 DOM 至少可以保证在不需要手动优化的情况下，依然可以提供还不错的性能，即保证性能的下限。

（2）无须手动操作 DOM：不再需要手动去操作 DOM，只需要编写好 View-Model 的代码逻辑，框架会根据虚拟 DOM 和数据双向绑定，以可预期的方式更新视图，极大提高我们的开发效率。

（3）跨平台：虚拟 DOM 本质上是 JavaScript 对象，而 DOM 与平台强相关。相比之下，虚拟 DOM 可以进行更方便地跨平台操作，例如服务器渲染、Weex 开发等。

第 12 章
Render 函数

本章概述

本章主要讲解 Vue.js 的 Render 函数是什么和它的作用、createElement 的介绍、函数化组件及 JSX 等内容，为后面更加深入地学习做铺垫、为使用 Vue.js 前端框架开发项目奠定基础。通过本章内容的学习，读者可以了解 Vue.js 的 Render 函数是什么、有什么作用、在什么情况下进行使用，深入了解 data 对象、createElement 的简介及 JSX 等内容。

本章要点

- 虚拟 DOM 简介。
- Render 介绍。
- 如何使用 Render 函数。
- 使用 Render 函数的情景。
- 了解 data 对象。
- createElement 介绍。
- 函数化组件。
- JSX。

12.1 Render 简介

使用 Render 函数，我们可以用 JavaScript 语言来构建 DOM。因为 Vue 是虚拟 DOM，所以在拿到 template 时也要转译成 VNode 的函数，而用 Render 函数构建 DOM，Vue 就免去了转译的过程。当使用 Render 函数描述虚拟 DOM 时，Vue 提供一个函数 createElement，这个函数就是构建虚拟 DOM 所需要的工具。它还有约定的简写 h，下面将会对其进行介绍。

12.1.1 Render 函数是什么

Vue 通过 template 来创建 HTML。但是在特殊情况下，这种固定模式无法满足需求，必须借助 JavaScript

的编程能力。此时,需要用 Render 函数来创建 HTML。

Render 函数的实质就是生成 template 模板,通过调用一个方法来生成,而这个方法是通过 Render 函数的参数传递给它的。通过这三个参数,可以生成一个完整的模板。

没有使用 Render 函数的代码如下:

```
Vue.component('anchored-heading', {
  template: '#anchored-heading-template',
  props: {
    level: {
    type: Number,
    required: true
    }
  }
})
```

使用 Render 函数的代码如下:

```
Vue.component('anchored-heading', {
  render: function(createElement){
    return createElement(
      'h' + this.level,    //tag name 标签名称
      this.$slots.default  //子组件中的阵列
    )
  },
  props: {
    level: {
      type: Number,
      required: true
    }
  }
})
```

使用 Render 函数和不使用的区别如下。

(1)没有显示的模板内容,而是通过 Render 生成。

(2)使用了 createElement。

12.1.2　Render 函数怎么用

Render 函数怎么用呢?下面通过语法代码了解。

```
render:(h) => { return h('div',{
  //给 div 绑定 value 属性
  props: { value:'' },
  //给 div 绑定样式
  style:{
    width:'30px'
  },
  //给 div 绑定点击事件
  on: { click:() => {
    console.log('点击事件') }
  },
})
}
```

12.1.3 在什么情况下使用 Render 函数

若封装一套通用按钮组件，按钮有四个样式（success、error、warning、default），可能使用以下代码进行实现。

```html
<div class="btn btn-success" v-if="type === '成功'">{{ text }}</div>
<div class="btn btn-danger" v-else-if="type === '失败'">{{ text }}</div>
<div class="btn btn-warning" v-else-if="type === '警告'">{{ text }}</div>
```

上述写法在按钮样式少的情况下完全没有问题，但是如果按钮样式有十多个，那么固定编写方式就显得很无力了。遇上类似这样的情况，使用 Render 函数可以说是最优选择。

12.1.4 深入 data 对象

有一个地方需要**注意**：正如在模板语法中 v-bind:class 和 v-bind:style 会被特别对待一样，在 VNode 数据对象中，下列属性名是级别最高的字段。该对象也允许绑定普通的 HTML 特性，就像 DOM 属性一样，如 innerHTML（这会取代 v-html 指令）。

```
{
//和'v-bind:class'一样的API
'class': {
   foo: true,
   bar: false
},
//和'v-bind:style'一样的API
style: {
   color: 'red',
   fontSize: '14px'
},
//正常的 HTML 特性
attrs: {
   id: 'foo'
},
//组件 props
props: {
   myProp: 'bar'
},
//DOM 属性
domProps: {
   innerHTML: 'baz'
},
//事件监听器基于 'on'
//所以不再支持如 'v-on:keyup.enter' 修饰器
//需要手动匹配 keyCode
on: {
   click: this.clickHandler
},
//仅对于组件，用于监听原生事件，而不是组件内部使用
//'vm.$emit' 触发的事件
nativeOn: {
   click: this.nativeClickHandler
},
```

```
//自定义指令。注意，你无法对 'binding' 中的 'oldValue'赋值
//因为 Vue 已经自动为你进行了同步
directives: [{
  name: 'my-custom-directive',
  value: '2',
  expression: '1 + 1',
  arg: 'foo',
    modifiers: {
      bar: true
    }
}],
scopedSlots: {
  default: props => createElement('span', props.text)
},
//如果组件是其他组件的子组件，需为插槽指定名称
slot: 'name-of-slot',
//其他特殊顶层属性
key: 'myKey',
ref: 'myRef'
}
```

12.2　createElement 简介

在上面讲述 Render 函数时，提到了 createElement，下面就对 createElement 进行学习。

12.2.1　基本参数

createElement 构成了 Vue 虚拟 DOM 的模板，通过 Render 函数的参数传递进来，有以下三个参数。

（1）第一个参数（必要参数）：主要用于提供 DOM 的 HTML 内容，类型可以是字符串、对象或函数。

（2）第二个参数（类型是对象，可选）：用于设置这个 DOM 的一些样式、属性、绑定事件等。

（3）第三个参数（类型是数组，数组类型元素是 VNode，可选）：主要是指该节点下还有其他节点，用于设置分发的内容，包括新增的其他组件。注意，组件树中的所有 VNode 必须是唯一的。

以往在 template 中，都是在组件的标签上使用 v-bind:class、v-bind:style、v-on:click 等这样的指令。而使用 Render 函数后，都将其写到了数据对象中。例如下面的组件，使用传统的 template 写法为：

```
<body>
  <div id="app">
    <ele></ele>
  </div>
  <script>
    Vue.component('ele',{
      template:'
      <div id="element" v-bind:class="{show:show}" v-on:click="handleClick"> 我学会了Vue</div>
      ',
      data(){
        return {
          show:true
        }
      },
```

```
      methods:{
        handleClick:function(){
          console.log('您点击了')
        }
      }
    });
    var vm = new Vue({
      el:'#app'
    });
  </script>
</body>
```

运行的效果如图 12-1 所示。

图 12-1 传统的 template 写法运行效果图

使用 Render 函数改写后的代码如下：

```
<body>
  <div id="app">
    <ele></ele>
  </div>
  <script>
    Vue.component('ele',{
      render:function(createElement){
        return createElement(
        'div',/* 第一个参数是必选的，可以是 HTML 标签、组件、函数*/
        {
          /*第二个参数是可选的数据对象，在 template 中使用*/
          /*1.动态绑定 class，等价于: class*/
          class:{
            'show':this.show
          },
          /* 2.普通 HTML 特性 */
          attrs:{
            id:'element'
          },
          /* 3.给 div 绑定 click 事件 */
          on:{
            click:this.handleClick
          }
        },
        'Hello World'/*第三个参数是子节点，也是可选参数*/
        )
      },
      data(){
        return {
          show:true
        }
      },
```

```
      methods:{
        handleClick:function(){
          console.log('您点击了一下')
        }
      }
    });
    var vm = new Vue({
      el:'#vm'
    });
  </script>
</body>
```

运行的效果如图 12-2 所示。

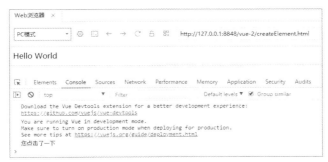

图 12-2　使用 Render 函数改写后的代码运行效果图

就此例来说，template 写法比 Render 函数写法更加简洁，所以要适当使用 Render 函数，否则只会增加编码负担。

12.2.2　使用 JavaScript 代替模板功能

在使用 Vue 模板的时候，我们可以在模板中灵活地使用 v-if、v-for、v-model 和<slot>等，但在 Render 函数中是没有提供专用的 API 的。如果要在 Render 函数中使用这些，需要使用原生的 JavaScript 来实现。在 Render 函数中可以使用 if/else 和 map 来实现 template 中的 v-if 和 v-for。

未使用 Render 函数的代码如下：

```
<ul v-if="items.length">
  <li v-for="item in items">{{ item }}</li>
</ul>
<p v-else>苹果</p>
```

换成 Render 函数，代码如下：

```
Vue.component('item-list',{
  props: ['items'],
  render: function(createElement){
    if(this.items.length){
      return createElement('ul', this.items.map((item) => { return createElement('item') }))
    } else {
      return createElement('p', 'No items found.')
    }
  }
})
  <div id="app">
```

```
    <item-list :items="items"></item-list>
  </div>
  let app = new Vue({ el: '#app', data(){
    return { items: ['花朵', 'W3cplus', 'blog'] }
  }
})
```

Render 函数中也没有与 v-model 相应的 API，如果要实现 v-model 类似的功能，同样需要使用原生 JavaScript 来实现。

代码如下：

```
<div id="app">
  <el-input :name="name" @input="val => name = val"></el-input>
</div>
Vue.component('el-input', {
  render: function(createElement){
    var self = this return createElement('input', {
      domProps: { value: self.name },
      on: { input: function(event){
        self.$emit('input', event.target.value)
        }
      }
    })
  },
  props: { name: String }
})
let app = new Vue({
  el: '#app',
  data(){
    return { name: '花朵' }
  }
})
```

这就是深入底层需要自己写原生代码，比较麻烦一点。但是对于 v-model 来说，可以更灵活地进行控制。

12.2.3 约束

组件树中的所有 VNode 必须是唯一的。这意味着，下面的渲染函数是不合法的。

```
render: function(createElement){
  var myParagraphVNode = createElement('p','hello')
  return createElement('div', [
  //错误-重复的 VNode
  myParagraphVNode, myParagraphVNode
  ])
}
```

如果真的需要重复很多次的元素/组件，建议可以使用工厂函数来实现。例如，下面这个渲染函数用完全合法的方式渲染了 20 个相同的段落。

```
render: function(createElement){
 return createElement('div',
  Array.apply(null, { length: 20 }).map(function(){
    return createElement('p', 'hi')
  })
 )
}
```

12.3 函数化组件

以前创建的锚点标题组件是比较简单的,没有管理或者监听任何传递给它的状态,也没有生命周期方法。它只是一个接收参数的函数。在下面的例子中,标记组件为 functional,这意味着它是无状态(没有 data)、无实例(没有 this 上下文)的。一个函数化组件就是类似这样的。

语法代码如下:

```
Vue.component('my-component', {
  functional: true,
  //为了弥补缺少的实例,提供第二个参数作为上下文
  render: function(createElement, context){
  },
  props: {
  }
})
```

组件需要的一切都是通过上下文传递。

1) props:提供 props 的对象。
2) children:VNode 子节点的数组。
3) slots:slots 对象。
4) data:传递给组件的 data 对象。
5) parent:对父组件的引用。
6) listeners:一个包含了组件上所注册的 v-on 侦听器的对象。这只是一个指向 data.on 的别名。
7) injections:如果使用了 inject 选项,则该对象包含了应当被注入的属性。

在添加 functional:true 后,锚点标题组件的 Render 函数之间简单更新增加 context 参数,this.$slots.default 更新为 context.children,this.level 更新为 context.props.level。因为函数化组件只是一个函数,所以渲染开销也低很多。另外,这也意味着函数化组件不会出现在 Vue.js Chrome 开发者工具的组件树里。

12.4 JSX

如果在开发过程中经常使用 template,忽然运用 Render 函数来写,会感觉不适应,尤其面对复杂组件的时候。不过,在 Vue 中使用 JSX 就不一样了,可以让我们回到更接近于模板的语法上。另外,用 Render 函数要记住每个参数的类型和用法,按序传参较为麻烦,而使用 JSX 可以优化这个烦琐的过程。

```
import AnchoredHeading from './AnchoredHeading.vue'
new Vue({
  el: '#demo',
  render: function(h){
    return(
      <AnchoredHeading level={1}>
        <span>Hello</span> world!
      </AnchoredHeading>
    )
  }
})
```

将 h 作为 createElement 的别名是 Vue 生态系统中的一个通用惯例，实际上也是 JSX 所要求的。如果在作用域中 h 失去作用，在应用中将会触发报错。

12.5 就业面试技巧与解析

学完本章内容，会对 Vue 的 Render 函数、createElement 的介绍、函数化组件及 JSX 有一定的了解。下面对面试过程中出现的问题进行解析，更好地帮助读者学习。

12.5.1 面试技巧与解析（一）

面试官：Promise 对象是什么？

应聘者：

Promise 是异步编程的一种解决方案，它是一个容器，里面保存着某个未来才会结束的事件（通常是一个异步操作）的结果。

从语法上说，Promise 是一个对象，从它可以获取异步操作的消息。Promise 提供统一的 API，各种异步操作都可以用同样的方法进行处理。Promise 对象是一个构造函数，用来生成 Promise 实例。

12.5.2 面试技巧与解析（二）

面试官：什么是虚拟 DOM？

应聘者：

虚拟 DOM 其实就是一棵以 JavaScript 对象（VNode 节点）作为基础的树，用对象属性来描述节点。实际上，它只是一层对真实 DOM 的抽象，最终可以通过一系列操作使这棵树映射到真实环境上。

简单来说，可以把虚拟 DOM 理解为一个简单的 JavaScript 对象，并且最少包含标签名（tag）、属性（attrs）和子元素对象（children）三个属性。不同的框架对这三个属性的命名会有所区别。

第 13 章
常见问题解析

本章概述

本章将会介绍在项目开发时部分常见的问题,并讲解问题的解决办法。如果读者在编写项目的时候遇到类似问题,可以查阅本章内容。

本章要点

- 环境及安装问题解析。
- 运行代码出现报错解析。
- 你问我答解析。

13.1 环境及安装问题解析

问题 1:出现报错 "can't find 'xxModule'" (表示找不到某些依赖或者模块),怎么办?
答:这种情况一般从报错信息可以看到是哪个包抛出的信息。卸载报错的这个包,进行重新下载并安装即可。

问题 2:如何把包安装到对应的依赖下呢?
答:执行以下命令即可。

```
npm install --save xxxx //dependencies
npm install --save-dev xxxx //dev Dependencies
//也能用简易的写法(i:install,-S:save,-D:save-dev)
npm i -S xxxx //npm install --save xxxx
npm i -D xxxx //npm install --save-dev xxxx
```

13.2 运行代码出现报错解析

问题 1:出现报错 "data functions should return an object" (表示 data 中需要返回一个对象),怎么办?

答：data 必须声明为返回一个初始数据对象的函数，因为组件可能被用来创建多个实例。如果 data 仍然是一个纯粹的对象，则所有的实例将共享引用同一个数据对象。

例如：

```
export default {
  name: 'page-router-view',
  data(){
    return {
      tabs: [
        {
          title: '财务信息',
          url: '/userinfo'
        },
        {
          title: '账号信息',
          url: '/userinfo/base'
        }
      ]
    }
  }
}
```

问题 2：运行项目中有小图片，渲染失败，没有出现图片，而是出现"data:image/png; base64xxxxxxxx"，是什么原因？

答：这个是 webpack 中的对应插件处理的，即对于小于多少 KB 以下的图片（规定的格式）直接转为 base 64 格式渲染。出现这样的情况后，可以在 webpack.base.conf.js 的 rules 中对 url-loader 进行配置。转换的好处主要是在网速不好时先于内容加载和减少 HTTP 请求次数来减少网站服务器的负担。

问题 3：运行项目，出现"Unexpected token: operator xxxxx"这样的错误，是什么原因？

答：这属于语法错误，基本都是符号问题。一般在报错中可以看到是哪一行出现问题，然后进行修改。

问题 4：在函数内用了 this.xxx=，为什么抛出"Cannot set property 'xxx' of undefined"异常信息呢？

答：this 是和当前运行的上下文绑定的，而一般 Axios、其他 Promise 或者 setInterval 这些默认都是指向最外层的全局钩子。简单点说，最外层的上下文就是 Window；Vue 内则是 Vue 对象，而不是实例。

解决方案：①暂存法。在函数内先缓存 this，let that = this；（let 是 ES 6，ES 5 使用 var）。②箭头函数会强行关联当前运行区域为 this 的上下文。

问题 5：出现错误"Component template should contain exactly one root element. If you are using v-if on multiple elements , xxxxx"？

答：单组件渲染 DOM 区域必须要有一个根元素，不能出现同级元素，可以用 v-if 和 v-else-if 指令来控制其他元素达到并存的状态。简单来说，就是有一个唯一的父类。例如一个 div（父包含块）内部有多少个同级或者嵌套都行，但是最外层不能出现同级元素。

问题 6：出现错误"Error in event handler for "click":"xxx""，是什么原因？

答：这个问题大多数都是因为写的代码出现问题，事件触发了，但是组件内部缺少对应的实现或者变量，所以抛出事件错误。

解决方案：根据报错的位置，进行排查。

问题 7：执行 npm run dev 命令出现错误"Error: listen EADDRINUSE :::8080"，怎么办？

答：用 webpack 搭脚手架，在 Vue-cli 的 webpack 中配置 config/index.js。代码如下：

```
dev:{
  env: require("./dev.env"),
  port: 8080, //若是这个端口已经给系统的其他程序占用了，则修改端口信息
  autoOpenBrowser: true,
  assetsSubDirectory: "static",
  assetsPublicPath: "/",
  proxyTable: {
    "/bp-api": {
      target: "http://new.d.st.cn",
      changeOrigin: true,
      //pathRewrite: {
        // "^/bp-api": "/"
      //}
    }
  },
}
```

问题 8：出现错误 "Failed to compile with x errors : This dependency was not found"，是什么原因？

答：编译错误，对应的依赖没找到。

解决方案：知道缺少对应的模块，直接安装。若是已经安装的模块（如 Axios）中的子模块（依赖包）出了问题，卸载并重装模块。

问题 9：为什么用 npm 或 yarn 安装依赖会生成 lock 文件，其有什么作用？

答：lock 文件的作用是统一版本号，这对团队协作有很大的作用。若是没有 lock 锁定，会造成一些问题，例如 breaking change（破坏性的更新）会造成开发很难顺利进行。

13.3　你问我答解析

问题 1：组件间的样式不能继承或者覆写，是什么原因？

答：单组件开发模式下，请确认是否开启了 CSS 模块化功能，也就是 scoped（vue-cli 中配置了，只要加入这个属性就自动启用）。

```
<style lang="scss" scoped></style>
```

为什么不能继承或者覆写呢？那是因为每个类、id，乃至标签都会被自动在 CSS 后面添加 Hash。例如：

```
//写的时候是这个
.trangle{}
//编译过后，加上了 Hash
.trangle[data-v-1ec35ffc]{}
//这些都是在 css-loader 中进行配置
```

问题 2：Axios 的 post 请求在后台接收不到，是什么原因？

答：Axios 默认是以 .json 格式提交，确认后台是否做了对应的支持。若是只能接收传统的表单序列化，就需要自己编写一个转义的方法。此外，还有一个比较简洁的方法就是装一个小模块 qs。

代码如下：

```
npm install qs -S
```

```
//然后在对应的位置转义就行了。单一请求或拦截器均行,下面是编写拦截
//post传参序列化(添加请求拦截器)
Axios.interceptors.request.use(
   config => {
     //在发送请求前做某件事
     if(
       config.method === "post"
     ){
       //序列化
       config.data = qs.stringify(config.data); //这里进行转义
     }
     //若是有token,就给头部带上token
     if(localStorage.token){
       config.headers.Authorization = localStorage.token;
     }
     return config;
   },
   error => {
     Message({
       showClose: true,
       message: error,
       type: "error.data.error.message"
     });
     return Promise.reject(error.data.error.message);
   }
);
```

问题3:过滤器可以用于 DOM 区域结合指令吗?

答:是不可以的,案例如下所示。

```
//错误案例
<li v-for="(item,index) in range | sortByDesc | spliceText">{{item}}</li>
//'vue2+'的指令只能用于 mustache'{{}}',
//正确案例
<span>{{ message | capitalize }}</span>
```

问题4:Vue 中的 this.$set 和 jQuery 中的 this.$set 有什么区别吗?

答:两者并没有什么关系,就像 JavaScript 和 Java 一样没有关系。Vue 的$是封装了一些内置函数,然后导出以$开头;jQuery 的$是选择器,起到取得 DOM 区域的作用。两者的作用是完全不一样的。

问题5:什么时候使用 v-if,什么时候使用 v-show 呢?

答:先介绍两者的区别。

(1) v-if:当 DOM 区域没有生成、没有插入文档等条件成立时才动态插入到页面,若有些需要遍历的数组对象或值,最好用 v-if 控制。等获得值后才处理遍历,不然在一些操作过快的情况下会报错,例如数据没有请求到。

(2) v-show:DOM 区域在组件渲染的同时被渲染了,只是单纯用 CSS 隐藏了。对于下拉菜单、折叠菜单,这些数据基本不怎么变动,用 v-show 最合适了,而且可以改善用户体验(因为它不会导致页面的重绘)。

简而言之,就是 DOM 结构不怎么变化的用 v-show,数据需要改动很大或者布局改动的用 v-if。

问题6:使用了 Axios,为什么 IE 浏览器不识别呢?

答：那是因为 IE 都不支持 Promise。

解决方案如下：

```
npm install es6-promise
//在 main.js 中引入即可
//ES 6 的 polyfill()
require("es6-promise").polyfill();
```

问题 7：props 不使用 v-bind 可以传递值吗？

答：可以，只是默认传递的类型会被解析成字符串。若是要传递其他类型，该绑定还是要绑定。

问题 8：组件可以缓存吗？

答：可以，使用 keep-alive。不过有代码占用内存会多，因此建议不要缓存所有组件。有些硬件由于缓存太多，会直接崩溃或者卡死。所以 keep-alive 一般缓存都是一些列表页，不会有太多的操作，更多的只是结果集的更换。例如，给路由的组件 meta 增加一个标志位，结合 v-if 就可以按需加上缓存。

问题 9：package.json 中的 dependencies 和 devDependencies 的差异是什么？

答：其实不严格讲，没有特别的差异。若是严格来讲，解释如下。

（1）dependencies：存放线上或者业务能访问的核心代码模块，例如 Vue、vue-router 等。

（2）devDependencies：处于开发模式下所依赖的开发模块，也许只是用来解析代码、转义代码，但是不产生额外的代码到生产环境，例如 babel-core。

问题 10：首屏加载比较慢、打包文件比较大，如何解决该问题？

答：减少第三方库的使用，如 jQuery 这些都可以不要了；较少地操作 DOM，原生功能基本可以满足开发。若是引入 moment，在 webpack 中排除国际化语言包。路由组件采用懒加载。加入路由过渡和加载等待效果，虽然不能解决根本，但是速度稍微快一点。整体下来，打包后一般不会太大；但是若想要更快，那就只能采用服务端渲染（SSR），可以避免浏览器去解析模板和指令。

13.4 就业面试技巧与解析

学完本章内容，会对 Vue 常见问题及解决办法有个基本了解，如环境及安装问题、运行代码出现报错问题等。下面会对面试过程中出现的问题进行解析，更好地帮助读者学习。

13.4.1 面试技巧与解析（一）

面试官：试述 Vue 常用的修饰符及其功能。

应聘者：

（1）.prevent：提交事件不再重载页面。

（2）.stop：阻止单击事件冒泡。

（3）.self：当事件发生在该元素本身而不是子元素的时候会被触发。

（4）.capture：事件侦听，事件发生的时候会被调用。

13.4.2 面试技巧与解析（二）

面试官：<keep-alive></keep-alive>的作用是什么？

应聘者：

<keep-alive></keep-alive>包裹动态组件时，会缓存不活动的组件实例，主要用于保留组件状态或避免重新渲染。例如，有一个列表和一个详情页，那么用户就会经常执行"打开详情页→返回列表→打开详情页"的操作。可见，列表和详情页都是应用频率很高的页面，此时就可以对列表组件使用<keep-alive></keep-alive>进行缓存。这样，用户每次返回列表的时候，都是从缓存中快速渲染，而不是重新渲染。

第 3 篇

核心应用篇

在本篇中，将介绍 Vue 中常见的状态管理 Vuex，并且结合前面内容介绍 Vue 工程实例等知识内容，还将结合案例示范 Vue 中 webpack 开发中的打包、介绍 Vue 中的目录结构等知识内容，为编写和研发项目奠定基础。

- 第 14 章　状态管理 Vuex
- 第 15 章　Vue 工程实例

第 14 章

状态管理 Vuex

  本章概述

本章主要讲解 Vue.js 的状态管理概述、Vuex 基本属性、中间件、严格模式、表单处理等内容，为后面更加深入地学习做铺垫、为使用 Vue.js 前端框架开发项目奠定基础。通过本章内容的学习，读者可以了解 Vuex 及其基本用法和高级用法、Vuex 的基本属性等内容。

本章要点

- Vuex 介绍。
- Vuex 适用场景。
- Vuex 基本用法和高级用法。
- Vuex 基本属性。
- 中间件。
- 严格模式。
- 表单处理。
- Vuex 实例。

14.1 概述

关于状态管理 Vuex，在前面介绍过，这里再系统地对其进行介绍。Vuex 是一种专门为 Vue.js 应用程序开发的状态管理模式，以插件的形式引进项目中，集中存储和管理应用的所有组件的状态，并以相应的规则保证状态以一种可预测的方式发生变化，且每一个 Vuex 应用的核心就是 store（仓库）。创建 store 的语法格式为：new Vue.store({…})。store 基本上就是一个容器，包含应用中大部分的状态（state）。

14.1.1 Vuex 介绍

Vuex 主要应用在 Vue.js 中，主要是用来管理状态的一个库，通过创建一个集中的数据存储，供程序中所有的组件访问。当开发一些中、大型的项目（数据量比较大）时，就需要使用 Vuex。

Vuex 和单纯的全局对象有以下两点不同。

（1）Vuex 的状态存储是响应式的。当 Vue 组件从 store 中读取状态的时候，若 store 中的状态发生变化，那么相应的组件也会相应地得到高效更新。

（2）不能直接改变 store 中的状态。改变 store 中的状态的唯一途径就是显式地提交（commit）mutations。这样可以方便地跟踪每一个状态的变化。

代码如下：

```
Vue.use(Vuex);
const store = new Vuex.Store({
  //数据状态
  state {…},
  //更改状态 store.commit
  mutations: {…},
  //类似于 mutation(不能直接变更状态，可以异步操作), store.dispatch
  actions: {…},
  //派生状态（如过滤、计数）
  getters: {…}
})
//将状态从根组件"注入"到每一个子组件中，且子组件能通过 this.$store 访问到
const app = new Vue({
  el: '#app',
  store,
  data(){…}
});
```

14.1.2 状态管理与 Vuex

非父子组件（跨代组件和兄弟组件）通信时，使用了 BUS（中央事件总线）的一个方法，用来触发和接收事件，进一步起到通信的作用。一个组件可以分为数据和视图，数据更新时，视图也会自动更新。在视图中又可以绑定一个事件，它们触发 methods 中指定的方法，从而可以改变数据、更新视图。这是一个组件基本的运行模式。

store 包含了应用的数据（状态）和操作过程。Vuex 中的数据都是响应式的，任何组件使用同一 store 的数据时，只要 store 的数据变化，对应的组件也会立即更新。

```
const store = new Vuex.Store({});
```

数据保存在 Vuex 的 state 字段内，代码如下：

```
const store = new Vuex.Store({
  state: {
    count: 0
  }
});
//在任何组件内，可以直接通过$store.state.count 读取
<template>
  <div>
    <h1>首页</h1>
    {{$store.state.count}}
  </div>
</template>
<div>
  <h1>首页</h1>
```

```
    {{count}}
</div>
export default {
  computed: {
    count(){
      return $store.state.count;
    }
  }
}
```

在组件内来自 store 的数据只能读取，不能手动修改。修改 store 中数据的唯一途径是显式地提交 mutations。mutations 是 Vuex 的第二个选项，用来直接修改 state 中的数据。在组件内，通过 this.$store.commit 方法来执行 mutations。mutations 可以接收第二个参数，其类型可以是数字、字符串或对象等类型。

14.1.3 Vuex 适用场景

Vuex 一般用于开发大型单页应用，会使开发效率提高，具体不适用和适用场景介绍如下。
（1）不适用：小型简单应用，用 Vuex 烦琐、冗余大，此种情况更适合使用简单的 store 模式。
（2）适用于：中、大型单页应用，可能会考虑如何把组件的共享状态抽取出来，以一个全局单例模式管理，不管在哪个组件，都能获取状态/触发行为。解决的问题如下。
①多个视图使用同一状态：传参的方法对于多层嵌套的组件将会非常烦琐，并且对于兄弟组件间的状态传递没有办法实现。
②不同视图需要变更同一状态：采用父子组件直接引用或者通过事件来变更和同步状态的多份副本，通常会导致无法维护的代码。

14.1.4 Vuex 的用法

1．基本用法

在 Vue 的单页面应用中，需要使用 Vue.use(Vuex) 调用插件。使用非常简单，只需要将其注入 Vue 根实例中。其中包含 Vuex 的 5 个属性，后面将会对它们进行介绍。
代码如下：

```
import Vuex from 'vuex'
Vue.use(Vuex);
const store = new Vuex.Store({
  state: {
    count: 0
  },
  getter: {
    doneTodos:(state, getters) => {
      return state.todos.filter(todo => todo.done)
    }
  },
  mutations: {
    increment(state, payload){
      state.count++
    }
  },
  actions: {
```

```
        addCount(context){
        }
    }
})
new Vue({
    el: '#app',
    store,
    template: '<App/>',
    components: { App }
})
```

然后改变状态，代码如下：

```
this.$store.commit('increment')
```

2. 高级用法

Vuex 还有其他 3 个选项可以使用：getters、actions、modules。

（1）getters 能将 computed 的方法提取出来，也可以依赖其他的 getters，把 getters 作为第二个参数。

（2）actions 与 mutations 很像，不同的是 actions 中提交的是 mutations，并且可以异步操作业务逻辑。actions 在组件内通过$store.dispatch 触发。

（3）modules 用来将 store 分割到不同模块，当项目足够大时，store 中的 state、getters、mutations、actions 会非常多，使用 modules 可以把它们写到不同的文件中。

modules 的 mutations 和 getters 接收的第一个参数 state 是当前模块的状态。在 actions 和 getters 中还可以接收一个参数 rootState 来访问根节点的状态。

14.2　Vuex 的五大属性

上面简单提到了 Vuex 的五大属性：state、getters、mutations、actions、modules 等，下面就对它们分别进行简单介绍。

14.2.1　state

state：用来存储 Vuex 的基本数据。单一状态树用一个对象包含了所有应用层级的状态，作为唯一的数据源，利于我们能够直接地定位任一特定的状态片段，在调试的过程中也能轻易地取得整个应用状态的快照。

```
computed:{localComputed(){ /* … */ },
//使用对象展开运算符将此对象混入到外部对象中
mapState({…})}
```

14.2.2　getters

getters：从基本数据（state）派生的数据，如获取数据的数组长度，方便其他组件获取使用，相当于 state 的计算属性。

代码如下：

```
const store=new Vuex.Store({
  state:{
    todos:[
```

```
      { id:1,text:'1w',done:true },
      { id:2,text:'1e',done:false }
    ]
  },
  getters:{//getters 接收 state 作为其第一个参数
    doneTools:state =>{
      return state.todos.filter(todo => todo.done)//返回值会根据依赖被缓存起来
    }
  }
})
```

14.2.3 mutations

mutations：提交更新数据的方法，必须是同步的（如果需要异步使用 actions）。每个 mutations 都有一个字符串的事件类型（type）和一个回调函数（handler）。回调函数实际上是用来进行状态更改的，并且它会接收 state 作为第一个参数，提交载荷作为第二个参数。需要以相应的 type 调用 store.commit 方法。payload（提交载荷）可以向 store.commit 传入额外的参数，即 mutations 的载荷。载荷应该是一个对象，这样可以包含多个字段规则。

Vuex 中 store 的状态是响应式的，那么当我们变更状态的时候，监视状态的 Vue 组件也会自动更新，这意味着 Vuex 中的 mutations 也需要与使用 Vue 一样要注意一些事项。

（1）最好提前在 store 中初始化所有所需属性。

（2）当需要在对象上添加新属性时，应该使用 Vue.set(obj, 'newProp', 123)，或者用新对象替换旧对象。

mutations 必须是同步函数，因为如果 mutations 是异步函数，那么回调函数的执行难以控制，这就导致状态的改变不可追踪。实质上，任何在回调函数中进行的状态改变都是不可追踪的。

代码如下：

```
mutations: {
  increment(state, a){
    state.count += a
  }
}
store.commit('increment', 10)
```

14.2.4 actions

actions：和 mutations 的功能大致相同，不同之处在于以下几点。

（1）actions 提交的是 mutations，而不是直接变更状态。

（2）actions 可以包含任意异步操作。

（3）actions 函数接收一个与 store 实例具有相同方法和属性的 context 对象，因此可以调用 context.commit 提交一个 mutation，或者通过 context.state 方法和 context.getters 方法来获取 state 和 getters。

（4）actions 通过 store.dispatch 方法触发，actions 支持同样的载荷方式和对象方式进行分发。

代码如下：

```
actions: {
  actionA({ commit }){
    return new Promise((resolve, reject) => {
      setTimeout(() => {
        commit('someMutation')
```

```
      resolve()
    }, 1000)
  })
}
store.dispatch('actionA').then(() => {
  …//代码省略
})
//在另外一个 actions 中：假设 getData()和 getOtherData()返回的是 Promise
actions: {
  async actionA({ commit }){
    commit('gotData', await getData())
  },
  async actionB({ dispatch, commit }){
    await dispatch('actionA') //等待 actionA 完成
    commit('gotOtherData', await getOtherData())
  }
}
```

一个 store.dispatch 在不同模块中可以触发多个 actions 函数。在这种情况下，只有当所有触发函数完成后，返回的 Promise 才会执行。

14.2.5　modules

modules：模块化 Vuex，可以让每一个模块拥有自己的 state、mutations、actions、getters，使得结构非常清晰，方便管理。需要注意的是，单状态树和模块化并不冲突。由于 store 中的状态是响应式的，在组件中调用 store 中的状态简单到仅需要在计算属性中返回即可。由于使用单一状态树，会导致应用的所有状态会集中到一个比较大的对象。当应用变得非常复杂时，store 对象就有可能变得相当臃肿。

为了解决以上问题，Vuex 允许我们将 store 分割成模块（modules）。每个模块拥有自己的 state、mutations、actions、getters，甚至是嵌套子模块（从上至下进行同样方式的分割）。代码如下：

```
const moduleA = {
  state: { … },
  mutations: { … },
  actions: { … },
  getters: { … }}
const moduleB = {
  state: { … },
  mutations: { … },
  actions: { … }}
const store = new Vuex.Store({
  modules: {
    a: moduleA,
    b: moduleB
  }
})
store.state.a //-> moduleA 的状态
store.state.b //-> moduleB 的状态
```

14.3 中间件

Vuex 中间件以前称为 middlewares，后改称为 plugins。以前的 onInit/onMutation 已经不用了，换用 subscribe。

14.3.1 state 快照

有时候插件需要获得状态的"快照"，比较改变的前后状态。想要实现这项功能，需要对状态对象进行深拷贝。

```javascript
const myPluginWithSnapshot = store => {
  let prevState = _.cloneDeep(store.state)
  store.subscribe((mutation, state) => {
    let nextState = _.cloneDeep(state)
    //比较 prevState 和 nextState…
    //保存状态，用于下一次 mutation
    prevState = nextState
  })
}
```

生成状态快照的插件应该只在开发阶段使用，如使用 webpack 或 Browserify，让构建工具进行处理。

```javascript
const store = new Vuex.Store({
  plugins: process.env.NODE_ENV !== 'production'? [myPluginWithSnapshot]: []
})
```

上面插件会默认启用。在发布阶段，需要使用 webpack 的 DefinePlugin 或者是 Browserify 的 envify 使 process.env.NODE_ENV !== 'production'为 false。

14.3.2 logger

Vuex 是一款比较好用的数据流管理库，可以用统一的流程来处理状态数据，但正是因为这些流程，我们需要打一些 log 来观察流程是否会出现问题，具体方法如下。

Vuex 自带一个日志插件用于一般的调试，首先需要引入这个文件。代码如下：

```javascript
import createLogger from 'vuex/dist/logger'
const debug = process.env.NODE_ENV !== 'production';
```

然后挂载到 Vuex 中，代码如下：

```javascript
export default new Vuex.Store({
  state,
  getters,
  mutations,
  actions,
  plugins: debug ? [createLogger()] : []
})
```

完整代码如下：

```javascript
import Vue from 'vue';
import Vuex from 'vuex';
import * as actions from './actions';
import * as getters from './getters';
import state from './state';
import mutations from './mutations';
```

```
import createLogger from 'vuex/dist/logger'
Vue.use(Vuex);
const debug = process.env.NODE_ENV !== 'production';
export default new Vuex.Store({
  state,
  getters,
  mutations,
  actions,
  plugins: debug ? [createLogger()] : []
})
```

在控制台上可以看到信息如图 14-1 所示。

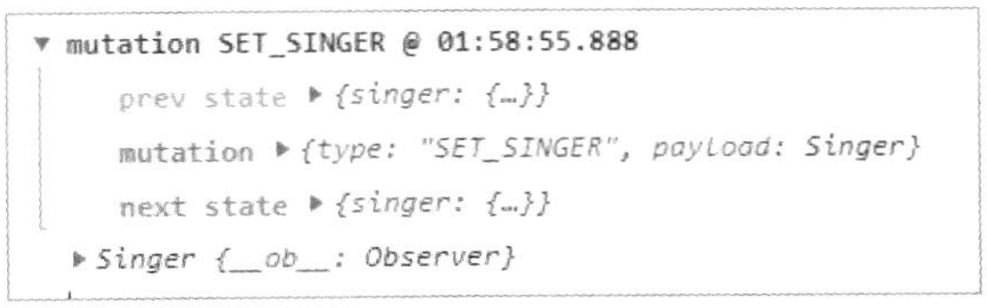

图 14-1 logger 运行效果图

图 14-1 中，prev sate 代表以前的数据，mutations 代表经过 Vuex 的 mutations 中方法修改后的数据，可以通过这个 logger 插件明细地看到数据的变化。

createLogger 函数有几个配置项，代码如下：

```
const logger = createLogger({
  collapsed: false, //自动展开记录的mutation
  filter(mutation,stateBefore,stateAfter){
    //若mutation需要被记录，就让它返回true即可
    //'mutation'是个{type,payload}对象
    return mutation.type!=="aBlacklistedMutation"
  },
  transformer(state){
    //在开始记录前转换状态
    return state.subTree
  },
  mutationTransformer(mutation){
    return mutation.type
  },
  logger:console,//自定义console实现，默认为'console'
})
```

14.4 严格模式

如果需要开启严格模式，仅需在创建 store 时传入 strict:true，代码如下：

```
const store = new Vuex.Store({
  …//代码省略
  strict: true
})
```

在严格模式下，无论何时发生了状态变更且不是由 mutation 函数引起的，将会抛出错误。这能保证所有的状态变更都可以被调试工具跟踪到。

提示：不要在发布环境下启用严格模式，严格模式会深度监测状态树来检测不合规的状态变更。因此，请确保在发布环境下关闭严格模式，以避免性能损失。

类似于插件，可以让构建工具来处理这种情况。代码如下：

```
const store = new Vuex.Store({
  …//代码省略
  strict: process.env.NODE_ENV !== 'production'
})
```

14.5　表单处理

当在严格模式中使用 Vuex 时，在属于 Vuex 的 state 上使用 v-model 会比较麻烦。例如：

```
<input v-model="obj.message">
```

在用户输入时，v-model 会试图直接修改 obj.message。在严格模式中，由于这个修改不是在 mutation 函数中执行的，这里会抛出一个错误。使用传统的 value+input 事件实现，但是比较烦琐。代码如下：

```
<input :value="message" @input="updateMessage">
computed: {
  mapState({
    message: state => state.obj.message
  })
},
methods: {
  updateMessage(e){
    this.$store.commit('updateMessage', e.target.value)
  }
}
//可以使用双向绑定的计算属性
computed: {
  message: {
    get(){
      return this.$store.state.obj.message
    },
    set(value){
      this.$store.commit('updateMessage', value)
    }
  }
}
```

总结：使用 Vuex 并不意味着需要将所有的状态放入 Vuex。虽然将所有的状态放到 Vuex 会使状态变化更显式和易调试，但也会使代码变得冗长和不直观。如果有些状态严格属于单个组件，最好还是将其作为组件的局部状态，应该根据自己的需求进行选择和调整。

14.6　就业面试技巧与解析

学完本章内容，会对 Vuex 的介绍、状态管理、Vuex 的属性、中间件、严格模式、表单处理等有一定了解。下面对面试过程中出现的问题进行解析，更好地帮助读者学习。

14.6.1 面试技巧与解析（一）

面试官：vue.cli 中怎样使用自定义的组件？有遇到过哪些问题吗?

应聘者：

第一步：在 components 目录下新建组件文件（如 indexPage.vue），script 一定要 export default{}。

第二步：在需要用的页面（组件）中导入 import indexPage from '@/components/indexPage.vue'。

第三步：使用 components:{indexPage}，注入到 Vue 子组件的 components 属性上。

第四步：在 template 视图中使用，例如有 indexPage 命名，使用的时候则为 index-page。

14.6.2 面试技巧与解析（二）

面试官：Vuex 有哪几种属性？

应聘者：有五种，分别是 state、getters、mutations、actions、modules 等。

1) Vuex 的 state 特性

a. Vuex 就是一个仓库，仓库中放了很多对象。其中 state 就是数据源存放地，对应于一般 Vue 对象中的 data。

b. state 中存放的数据是响应式的，Vue 组件从 store 中读取数据，若是 store 中的数据发生改变，依赖这个数据的组件也会发生更新。

c. 它通过 mapState 把全局的 state 和 getters 映射到当前组件的 computed 计算属性中。

2) Vuex 的 getters 特性

a. getters 可以对 state 进行计算操作，它就是 store 的计算属性。

b. 虽然在组件内也可以做计算属性，但是 getters 可以在多组件之间复用。

c. 如果一个状态只在一个组件内使用，是可以不用 getters 的。

3) Vuex 的 mutations 特性

actions 类似于 mutations，不同在于 actions 提交的是 mutations，而不是直接变更状态；actions 可以包含任意异步操作。

第 15 章

Vue 工程实例

本章概述

本章主要讲解 Vue.js 的项目准备工作、loader 的介绍、Vue 项目文件的目录结构、项目的部署,为后面更加深入地学习做铺垫。

本章要点

- webpack。
- vue-loader 介绍。
- 项目目录结构。
- nginx。
- jenkins。
- gitlab。

15.1 准备工作

在进行开发前总是需要做很多的准备工作,如下载文件包、搭建环境等。下面介绍 webpack 打包。

15.1.1 webpack

由于脚手架 vue-cli 的存在,在做 Vue 项目时基本都是用 vue-cli 搭建的,这就不需要我们自己配置 webpack 了。但在实际开发过程中会发现对 webpack 不了解易出现很多问题。

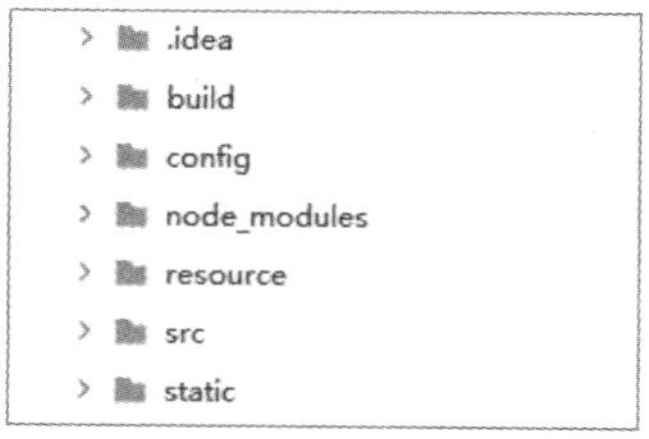

首先新建一个 Vue 项目,结构如图 15-1 所示。进行环境的配置。

图 15-1 项目结构图

```
$ npm init
```

接下来便是安装各种依赖项。

```
$ npm install --save vue   //安装 vue 2.0
```

```
$ npm install --save-dev webpack webpack-dev-server   //安装 webpack 和 webpack 测试服务器
$ npm install --save-dev babel-core babel-loader babel-preset-es2015   //安装 babel，编译 ES 2015
$ npm install --save-dev vue-loader vue-template-compiler   //解析 Vue 组件和 .vue 的文件
$ npm install --save-dev css-loader file-loader   //解析 CSS
```

App.vue 页面代码如下：

```
<template>
   <div id="demo">
     <p>{{msg}}</p>
   </div>
</template>
<script>
   export default {
     data(){
       return {
         msg: 'Hello World!'
       }
     }
   }
</script>
<style scope>
   * {
     color: #FF0000;
   }
</style>
```

main.js 代码如下：

```
import Vue from 'vue'
import App from './App.vue'
new Vue({
   el: '#app',
 render: h => h(App)
})
```

webpack.config.js 代码如下：

```
var path = require('paht')   //引入操作路径模块
module.exports = {
  //输入文件
   entry: './src/main.js',
   output: {
  //输出目录
     path: path.resolve(__dirname, './dist'),
  //静态目录，从这里取文件
     public Path: '/dist/',
  //文件名
       filename: 'index.js'
     },
     module: {
       rules: [
  //解析 Vue 后缀文件
       {test: /\.vue$/, loader: 'vue-loader'},
  //用 babel 解析 JS 文件，排除模块安装目录的文件
       {test: /\.js$/, loader: 'babel-loader',exclude: /node_modules/}
       ]
```

```
        }
    }
```

用$npm install -g webpack 命令安装全局 webpack，否则输入 webpack 命令会报错，不是内部命令 webpack。

用 webpack 命令打包项目，在 index.html 中引入打包生成的 index.js，代码如下：

```html
<!DOCTYPE html>
<html lang="en">
  <head>
    <meta charset="UTF-8">
    <title>Title</title>
  </head>
<body>
  <div id="app"></div>
  <script src="./dist/index.js"></script>    //存放的是 index.js 的文件路径
</body>
</html>
```

运行 index.html，效果如图 15-2 所示。

图 15-2　运行 index 效果图

提示：打包完成了，但是每次修改时都需要打包一次，开发时效率会很低，于是需要热重载。$ npm install -g webpack-dev-server 命令，等待程序运行完毕，在浏览器中输入 localhost:8080 查看页面，这时修改代码后会自动刷新，不用重新进行打包。

15.1.2　vue-loader

vue-loader 是一个 webpack 的 loader，允许以一种名为单文件组件的格式撰写 Vue 组件。

1. vue-loader 特性

允许对 Vue 组件的组成部分使用其他 webpack loader，例如对<style>使用 SasS 和对<template>使用 Jade；将<style>和<template>中的静态资源当作模块来对待，并使用 webpack loader 进行处理。对每个组件模拟出 CSS 作用域，支持开发期组件的热重载。

简而言之，编写 Vue.js 应用程序时，组合使用 webpack 和 vue-loader 能带来一个现代、灵活并非常强大的前端工作流程。

2. vue-loader 项目案例

使用 vue-loader 完成项目案例，有以下几个步骤。

（1）项目准备和组件安装。

将 webpack-dev-server 项目复制为 single-file，安装 vue-loader 组件。执行如下命令：

```
$npm install vue-loader@14.2.4 -D
```

安装 Vue 的模板解析器：vue-template-compiler，注意要安装对应的版本号，才能适配。执行如下命令：

```
$ npm install vue-template-compiler@2.5.17 -D
```

（2）在 webpack 中配置 vue-loader。

这里是在 webpack.dev.config.js 中配置 vue-loader，代码如下：

```js
//node.js 中内容模块
var path = require('path');
module.exports = {
  //entry 入口
  entry: {
  main: './src/main.js'
  },
  //output 出口
  output: {
    path:path.resolve('./dist'),           //相对转绝对
    filename: './bundle.js'
   },
  watch:true,
  //模块中的 loader
  module:{
    loaders:[
      {
        test:/\.css$/,                     //以.css 结尾的
        loader:'style-loader!css-loader'   //依次识别
      },
      {
        test:/\.vue$/,
        loader:'vue-loader'
      }
    ]
  }
}
```

（3）Vue 组件规格。

.vue 文件是用户用 html-like 语法编写的 Vue 组件。每个.vue 文件都包括三个部分：组件结构（template→html）、业务逻辑（script→js）、组件样式（style→css）。vue-loader 是一个 webpack 的 loader，可以将用上面编写的*.vue 组件转换为 JavaScript 模块。

App.vue 文件的代码如下：

```html
<template>
   <!-- template 中一定是闭合标签 -->
   <div class="app">
     <h3>{{ msg }}</h3>
     <ul>
       <li>A</li>
       <li>B</li>
       <li>C</li>
       <li>D</li>
       <li>E</li>
     </ul>
   </div>
</template>
<script>
   export default {
     data(){
       return {
```

```
        msg: '学习单页组件!'
      }
    },
    methods:{
    },
    computed:{
    }
  }
</script>
<style>
  h3 {
    color: green;
  }
  .example {
    color: red;
  }
</style>
```

执行 npm run dev 命令，自动打开浏览器，输入 http://localhost:8081/，就可以访问到 App.vue 的页面，如图 15-3 所示。

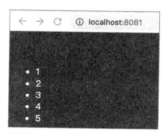

图 15-3　运行 loader 效果图

15.2　项目目录结构

本节主要介绍 Vue 文件目录结构。项目目录结构图如图 15-4 所示。

图 15-4　项目目录结构图

Vue 项目目录解析如表 15-1 所示。

表 15-1　Vue 项目目录解析

目录/文件	解　　释
build	为项目构建（webpack）相关代码
config	配置目录，包括端口号等。我们初学可以使用默认的
node_modules	npm 加载的项目依赖模块
src	这里是要开发的目录，基本上运用的都在这个目录中。子目录及文件如下： ①Assets：放置一些图片，如 logo 等 ②Components：目录里面放了一个组件文件，可以不用 ③App.vue：项目入口文件，也可以直接将组件写这里，而不使用 components 目录 ④main.js：项目的核心文件
static	静态资源目录，如图片、字体等
test	初始测试目录，可删除
.xxxx 文件	一些配置文件，包括语法配置、git 配置等
index.html	首页入口文件，可以添加一些 meta 信息或统计代码
package.json	项目配置文件
README.md	项目的说明文档，为.md 格式

15.3　部署上线

本节简单介绍一些部署上线的工具，包括 nginx、jenkins、gitlab 等。

15.3.1　生成上线文件

Vue 项目打包后，是生成一系列的静态文件，包括项目的请求 IP 都打入包内。如果后台服务改动，这时前端文件又要重新编译、打包。这里采用的是后台管理项目提到的前端自行请求一个配置文件，动态修改相关配置。

静态文件语法如下：

```
//config.json
{
  "api": "test.com"
}
```

请求文件：在项目 store 中请求配置文件，写入 state 中，在调用的时候可以全局访问到配置。

代码如下：

```
//api.js
GetConfigApi(){
  return new Promise((resolve, reject) => {
    axios
      .get('/config.json?v=${new Date().getTime()}')
      .then(result => {
        const configApi = {
          API: result.data['api'], //统一接口
        };
        resolve(configApi);
      })
      .catch(error => {
```

```
        reject(error);
    });
});
}
```

15.3.2 nginx

因为 Vue-router 有 Hash 和 History 两种模式，使用不同的模式，nginx 的配置不同。在 Hash 模式下，不需要改动，只需要部署所需要的前端文件就可以。下面介绍 History 模式下 .conf 文件的修改。

访问修改 nginx 配置文件 nginx.conf，代码如下：

```
server {
  listen  80;
  server_name test.com;
  location{
    root front;              //前端文件路径
    index  index.html;       //在 Hash 模式下只配置访问 HTML 就可以了
    try_files $uri $uri      //index.html; 在 History 模式下
  }
}
```

修改完成，重启服务访问 test.com。

15.3.3 jenkins

在项目中 jenkins 也会用到，下面简单讲解 jenkins 的安装及启动流程。

（1）在服务器上安装 docker。

（2）在 docker 上安装 jenkins。

①按官方推荐方式。

```
docker pull jenkins/jenkins
```

②创建用于存放 jenkins 的文件夹。

```
mkdir /home/var/jenkins
```

③执行 cd 进入 /home/var/ 目录，设置 jenkins 文件夹的归属用户 UID 为 1000。

```
sudo chown -R 1000:1000 jenkins/
```

④启动 jenkin。

```
docker run -d -p 8080:8080 -p 50000:50000 -v /home/var/jenkins:/var/jenkins_home -v /etc/localtime:/etc/localtime --name jenkins docker.io/jenkins/jenkins
```

docker 启动，-d 后台运行；--name 容器名字；-p 端口映射外:内；-v 目录挂载外:内容器名。

⑤重启 jenkins。

```
docker restart jenkins
```

运行效果如图 15-5 所示。

图 15-5 运行效果图

15.3.4 gitlab

gitlab 的方便之处在于,它可以在服务器端进行软件的打包、发布,无须在本地进行代码的压缩。vue-ci 脚手架生成的模板,如果想使用 github pages,需要在本地执行 npm run build 命令,将 dist 文件夹下的内容提交到远程仓库。然而,gitlab 就不用。

示例要求如下:

(1) 在本地使用 vue-ci 创建好模板项目。

(2) 在项目根目录下新建.gitlab-ci.yml、$ touch .gitlab-ci.yml。

(3) 在.gitlab-ci.yml 下添加打包、部署的流程。

第一种方法,代码如下:

```
//build过程
build:
  stage: build
  image: node:9.4.0
  cache:
    paths:
      - node_modules/
  script:
    - npm install
    - npm run build
  artifacts:
    paths:
      - dist
  only:
    - master
//发布过程
  pages:
    stage: deploy
    image: alpine:latest
    script:
      - mkdir public
      - mv dist/* public
    artifacts:
      paths:
        - public
    only:
      - master
```

第二种方法,代码如下:

```
//打包和发布一起执行
image: node:9.4.0
build:
  cache:
    paths:
      - node_modules/
  script:
    - npm install
    - npm run build
    - mkdir public
    - mv dist/* public
  artifacts:
```

```
paths:
  - public
only:
  - master
```

提示：vue-ci 创建的模板有一个缺陷，即在 config/index.js 文件中，module.exports 的 build 模块中的 assetsPublicPath 应设置为相对路径'./'；否则，打包后的 CSS 及 JS 可能找不到对应路径。

因为在服务器上安装 node.js 是以 root 用户身份直接用 nvm 安装的，而 gitlab-runner 是以 gitlab-runner 用户身份运行的，根本访问不到 root 用户安装的 Node.js，所以需要以 gitlab-runner 用户身份重新安装一次。切换到 gitlab-runner 用户，语法如下：

```
sudo su - gitlab-runner
```

然后用 gitlab-runner 用户权限安装 Node.js，再次提交后 npm 运行正常，但是在最后一步中 cp -r dist/* /mnt/www/ 执行失败，提示没有权限。mnt 是挂载的数据盘，gitlab-runner 用户没有访问权限。此时，首先以 root 用户身份添加权限，执行 chmod -r o+wr /mnt/，然后切换到 gitlab-runner 用户，在 mnt 下创建 www 文件夹，再次提交代码测试，自动部署正常，编译出来的 dist 文件夹下所有内容都复制到了 www 文件夹下。

Web 服务器使用的是 docker 运行的 nginx，服务器上已经安装好了 docker，直接运行。执行命令如下：

```
docker run --name nginx -p 8080:80 -d -v /mnt/www/:/usr/share/nginx/html nginx
```

运行成功后，直接访问 http://服务器 ip:8080/就行了，以后每次提交代码后都可以自动部署了。

提示：gitlab-runner 程序运行时的使用的是 gitlab-runner 用户的权限，可以以 gitlab-runner 用户的身份把.gitlab-ci.yml 中的编译部署脚本手动运行一次，成功就可以了。

15.4 就业面试技巧与解析

学完本章内容，会对 Vue 项目中每个文件的结构解释及项目部署等内容有一定了解。下面对面试过程中出现的问题进行解析，更好地帮助读者学习。

15.4.1 面试技巧与解析（一）

面试官：$route 和$router 的区别？

应聘者：

$route 是"路由信息"对象，包括 path、params、hash、query、fullPath、matched、name 等路由信息参数。而$router 是"路由实例"对象，包括路由的跳转方法、钩子函数等。

15.4.2 面试技巧与解析（二）

面试官：vue-router 有哪几种导航钩子？

应聘者：

Vue-router 有以下三种导航钩子。

（1）全局导航钩子。router.beforeEach(to,from,next)，作用是跳转前进行判断拦截。

（2）组件内的钩子。

（3）单独路由独享组件。

第 4 篇

项目实践篇

在本篇中，将融会贯通前面所学的编程知识、技能及开发技巧来开发实践项目。项目包括：订餐管理系统、网上图书销售系统及仿网易云音乐系统等。通过本篇的学习，读者将对前端 Vue 框架在实际项目开发中的应用有一个深切的体会，为日后进行软件项目管理及实战开发积累经验。

- 第 16 章　订餐管理系统
- 第 17 章　网上图书销售系统
- 第 18 章　仿网易云音乐系统

第 16 章

订餐管理系统

  本章概述

本系统是订餐管理系统，采用 Vue 开源框架并使用 HBuilder X 软件运行，使得开发过程更为便捷、高效；代码层次清晰，易于后续的扩展与维护。此外，运用 Vue 进行代码编写，加强了本系统的可移植性。

  本章要点

- 项目开发背景。
- 系统功能设计。
- 框架与配置。
- 功能模块的设计与实现。

16.1 开发背景

互联网科技技术的发展方便了人们日常的生活，本节就来说说网上订餐。网上订餐的出现让人们不必在繁忙时挤出时间去吃饭，把订餐管理系统和餐厅结合在一起，向各种各样的消费人群发展，能够为他们打造一个方便、快捷的就餐方式。同样，对于餐厅来说，增加了销售量、提高了工作效率，同时扩大了餐厅的知名度，并且可以通过系统方便地对营业额进行统计。根据这些需求设计出来的订餐管理系统，具有人性化的提示界面、交互界面友好，可以帮助更多用户使用该系统。

16.2 系统功能设计

该系统分为首页模块、商家介绍模块、系统商品模块、商品分类模块、商家评论模块、加入购物车模块、商家星级模块、订单支付模块等。订餐管理系统是一个功能比较完善的订购外卖的平台，具有操作方便、高效、迅速等优点。该系统采用 Vue 语言进行开发，可以在应用范围较广的 UNIX、Windows 系列操作系统上使用。

当我们在使用软件的过程中，就会根据软件中所需要的功能，进行添加。数据流图是一种图形化的技术，可以通过数据流图清晰地看到我们设计的软件中所描绘的信息流和数据流之间相互转换的过程。在数据流图中没有任何的具体物理元素，它只是描绘信息在软件中流动和被处理的情况。在数据流图中只需要考虑系统必须完成的基本逻辑功能，完全不必考虑怎样具体地实现这些功能。

订餐管理系统的功能结构图如图 16-1 所示。

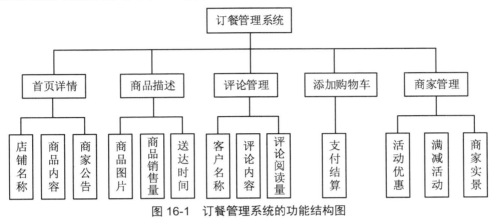

图 16-1 订餐管理系统的功能结构图

16.3 系统开发必备

订餐管理系统的实现需要一定的开发环境和所需框架的各项技术作为支撑。

16.3.1 系统开发环境要求

开发订餐管理系统前，本地计算机需满足以下条件。
（1）操作系统：Windows 7 以上。
（2）开发工具：HBuilder X。
（3）开发框架：Vue.js。
①安装 Node.js。
②设置 Node.js prefix（全局）和 cache（缓存）路径。
③基于 Node.js 安装 cnpm（淘宝镜像）。

16.3.2 软件框架

前面对 Vue.js、HBuilder X 已介绍过，这里仅介绍 CSS。CSS（Cascading Style Sheets，层叠样式表）是一种用来表现 HTML（标准通用标记语言的一个应用）或 XML（标准通用标记语言的一个子集）等文件样式的计算机语言。CSS 不仅可以静态地修饰网页，还可以配合各种脚本语言动态地对网页各元素进行格式化。CSS 能够对网页中元素位置的排版进行像素级精确控制，支持几乎所有的字体、字号样式，拥有对网页对象和模型样式编辑的能力。

16.3.3 框架整合配置

在开发订餐管理系统前,需要先规划好文件夹的组织结构。也就是说,首先对各个功能模块进行划分,然后实现统一管理。打开 HBuilder X 软件,创建一个项目,建立好相应的目录结构。

订餐管理系统的目录结构如图 16-2 所示。

图 16-2 订餐管理系统的目录结构

我们上面建立了几个模块,下面介绍每个模块的作用,以便更加清楚地理解后台设计思路。模块的作用如表 16-1 所示。

表 16-1 模块的作用

模 块 名	作 用
src 下面的 common	文件夹存放的是通用的 CSS 和 fonts
build	webpack 的打包编译、配置文件
config	文件夹存放的是一些配置项,例如服务器访问的端口配置等
index.html 页面	整个项目的入口文件,将会引用根组件 App.vue
src 下面的 main.js	入口文件的 .js 逻辑,在 webpack 打包后将被注入 index.html 中

项目下的文件介绍如下。

①build:构建服务和 webpack 配置。
②config:项目不同环境的配置。
③dist:项目 build 目录。
④src:生产目录。
⑤index.html:项目入口文件。
⑥package.json:项目配置文件。
⑦assets:图片资源。
⑧common:公共的 CSS 等资源。
⑨components:各种组件。
⑩App.vue:主页面。

⑪main.js：webpack 预编译入口。

下面正式进入系统开发环节。

步骤 1：要构建系统，就要先配置好所需要的环境，这样能够使我们有效地开发、运行程序。

（1）安装 Node.js。

（2）安装 HBuilder X。

（3）在 HBuilder X 中配置 Web 服务器所需要的条件。

（4）下载程序需要的插件。

（5）运行程序，执行 npm run dev 命令。

步骤 2：编写窗口的代码，包括名称、框架结构、布局颜色等，要求在 App.vue 中显示。代码如下：

```html
<template>
 <div>
    <!-- 头部 -->
    <v-header :seller="seller"></v-header>
    <!-- 主体切换 -->
    <div class="tab border-1px">
        <div class="tab-item">
        <router-link v-bind:to="'/goods'">
          商品
        </router-link>
        </div>
        <div class="tab-item">
        <router-link to="/ratings">
          评论
        </router-link>
        </div>
        <div class="tab-item">
        <router-link to="/seller">
          商家
        </router-link>
        </div>
    </div>
    <!-- 头部 -->
    <keep-alive>
    <router-view :seller="seller"></router-view>
    </keep-alive>
 </div>
</template>
<script type="text/ecmascript-6">
   import header from './components/header/header.vue';
   import {urlParse} from 'common/js/util';
   import data from 'common/json/data.json';
   const ERR_OK = 0;
   export default {
   data(){
     return {
       seller: {},
       id:(() => {
           let queryParam = urlParse();
           console.log(queryParam);
           return queryParam.id;
       })
```

```
      };
    },
    created(){
      this.$http.get('/api/seller?id=' + this.seller.id).then((response) => {
        response = response.body;
        if(response.errno === ERR_OK){
            this.seller = response.data;
            this.seller = Object.assign({}, this.seller, response.data);
         }
      });
      this.seller = data.seller;
    },
    components: {
      'v-header': header
    }
 };
</script>
<style lang="stylus" rel="stylesheet/stylus">
   @import "common/stylus/mixin.styl";
   .tab {
     display: flex;
     width: 100%;
     height: 40px;
     line-height: 40px;
     /*border: 1px solid rgba(7,17,27,0.1);*/
     border-1px(rgba(7, 17, 27, 0.1));
   }
   .tab .tab-item {
     flex: 1;
     text-align: center;
   }
   .tab .tab-item a {
     display: block;
     font-size: 14px;
     color: rgb(77, 85, 93);
   }
   .tab .tab-item .active {
     color: rgb(240, 20, 20);
   }
</style>
```

步骤3：在进行代码构建时，需要数据之间的相互连接。构建成"桥梁"，这样才能够使数据之间是相互联系的。在 index.html 中配置相互之间的连接，代码如下：

```
<!DOCTYPE html>
<html>
  <head>
    <meta charset="utf-8">
    <title>eleme</title>
    <meta name="viewport" content="width=device-width,inital-scale=1.0,
    maximum-scale=1.0,user-scalable=no">
    <link rel="stylesheet" href="static/css/reset.css" type="text/css">
    <script src="build/build.js"></Script>
    <script src="build/check-versions.js"></Script>
    <script src="build/dev-client.js"></Script>
```

```html
    <script src="build/dev-server.js"></Script>
    <script src="build/utils.js"></Script>
  </head>
<body>
  <div id="app">
    <!-- route outlet -->
    <!-- component matched by the route will render here -->
    <router-view></router-view>
  </div>
    <!-- built fi123121es will be auto injected -->
  </body>
</html>
```

步骤 4：使用 window.localStorage 保存和设置缓存信息，封装在 store.js 文件内

16.4 系统功能模块设计与实现

根据系统需求，本节将对系统中的各个模块进行详细的说明，并对模块的构成和模块中的代码进行分析。

16.4.1 首页模块

在我们通常所使用的各种软件中，尤其是订餐的各种软件，打开界面，首先看到的是各种商品的详细信息，这样方便我们选择和购买。如图 16-3 所示，展示了在订餐管理系统中进入首页所显示的各种商品信息。

图 16-3　系统首页图

商品信息页的部分代码如下：

```json
{
    "infos": [
      "商家支持发票，下单请前写清楚",
      "品类:其他菜系",
      "河南省郑州市",
      "营业时间:11:00—22:30"
    ]
  },
  "goods": [
    {
      "name": "热销榜",
      "type": -1,
      "foods": [
        {
            "name": "皮蛋瘦肉粥",
            "price": 10,
            "oldPrice": "",
            "description": "咸粥",
            "sellCount": 229,
            "info": "一碗皮蛋瘦肉粥，总是我到粥店时的不二之选。香浓软滑，饱腹暖心，皮蛋的Q弹与瘦肉的滑嫩伴着粥香溢于满口，让人喝这样的一碗粥也觉得心满意足",
            "ratings": [
              {
                "username": "3******c",
                "rateTime": 1469281964000,
                "rateType": 0,
                "text": "很喜欢的粥",
                "avatar": "http://static.galileo.xiaojukeji.com/static/tms/default_header.png"
              },
              {
                "username": "2******3",
                "rateTime": 1469271264000,
                "rateType": 0,
                "text": "",
                "avatar": "http://static.galileo.xiaojukeji.com/static/tms/default_header.png"
              },
              {
                "username": "3******b",
                "rateTime": 1469261964000,
                "rateType": 1,
                "text": "",
                "avatar": "http://static.galileo.xiaojukeji.com/static/tms/default_header.png"
              }
            ],
            "icon": "http://fuss10.elemecdn.com/c/cd/c12745ed8a5171e13b427dbc39401jpeg.jpeg?imageView2/1/w/114/h/114",
            "image": "http://fuss10.elemecdn.com/c/cd/c12745ed8a5171e13b427dbc39401jpeg.jpeg?imageView2/1/w/750/h/750"
        },
        {
            "name": "豆角炒面",
            "price": 10,
            "oldPrice": "",
            "description": "",
            "sellCount": 188,
```

```json
            "rating": 96,
            "ratings": [
                {
                  "username": "3******c",
                  "rateTime": 1469281964000,
                  "rateType": 0,
                  "text": "",
                  "avatar": "http://static.galileo.xiaojukeji.com/static/tms/default_header.png"
                },
                {
                  "username": "2******3",
                  "rateTime": 1469271264000,
                  "rateType": 0,
                  "text": "",
                  "avatar": "http://static.galileo.xiaojukeji.com/static/tms/default_header.png"
                },
                {
                  "username": "3******b",
                  "rateTime": 1469261964000,
                  "rateType": 1,
                  "text": "",
                  "avatar": "http://static.galileo.xiaojukeji.com/static/tms/default_header.png"
                }
            ],
            "info": "",
            "icon": "http://fuss10.elemecdn.com/c/6b/29e3d29b0db63d36f7c500bca31d8jpeg.jpeg?imageView2/1/w/114/h/114",
            "image": "http://fuss10.elemecdn.com/c/6b/29e3d29b0db63d36f7c500bca31d8jpeg.jpeg?imageView2/1/w/750/h/750"
        },
        {
            "name": "葱油饼",
            "price": 10,
            "oldPrice": "",
            "description": "",
            "sellCount": 124,
            "rating": 85,
            "info": "",
            "ratings": [
                {
                  "username": "3******c",
                  "rateTime": 1469281964000,
                  "rateType": 1,
                  "text": "没啥味道",
                  "avatar": "http://static.galileo.xiaojukeji.com/static/tms/default_header.png"
                },
                {
                  "username": "2******3",
                  "rateTime": 1469271264000,
                  "rateType": 1,
                  "text": "很一般啊",
                  "avatar": "http://static.galileo.xiaojukeji.com/static/tms/default_header.png"
                }
    ...
```

16.4.2 商家介绍模块

在商家介绍模块中，主要是对商家的信息、打折详情、配送时间、公告活动、店内照模块等的展示，这样能够使顾客详细了解商家的信息。商家介绍图如图 16-4 所示。

图 16-4　商家介绍图

关于商家介绍的代码如下：

```
{
"seller": {
  "name": "香粥坊",
  "description": "滴滴专送",
  "deliveryTime": 30,
  "score": 4.2,
  "serviceScore": 4.1,
  "foodScore": 4.3,
  "rankRate": 69.2,
  "minPrice": 20,
  "deliveryPrice": 4,
  "ratingCount": 24,
  "sellCount": 90,
  "bulletin": "本店上选优良食材、无污染、无添加，放心进行使用",
  "supports": [
    {
      "type": 0,
      "description": "支付 20-3"
    },
```

```
            {
                "type": 1,
                "description": "果汁全场 8 折优惠"
            },
            {
                "type": 2,
                "description": "大量优惠单人套餐"
            },
            {
                "type": 3,
                "description": "商家支持开发票,请在下单前备注好"
            },
            {
                "type": 4,
                "description": "食品监督部门检查,放心使用"
            }
        ],
        "avatar": "http://static.galileo.xiaojukeji.com/static/tms/seller_avatar_256px.jpg",
        "pics": [
            "http://fuss10.elemecdn.com/8/71/c5cf5715740998d5040dda6e66abfjpeg.jpeg?imageView2/1/w/180/h/180",
            "http://fuss10.elemecdn.com/b/6c/75bd250e5ba69868f3b1178afbda3jpeg.jpeg?imageView2/1/w/180/h/180",
            "http://fuss10.elemecdn.com/f/96/3d608c5811bc2d902fc9ab9a5baa7jpeg.jpeg?imageView2/1/w/180/h/180",
            "http://fuss10.elemecdn.com/6/ad/779f8620ff49f701cd4c58f6448b6jpeg.jpeg?imageView2/1/w/180/h/180"
        ],
        "infos": [
            "商家支持开发票,请在下单前备注好",
            "品类:粥、小吃",
            "河南省郑州市",
            "营业时间:11:00—22:30"
        ]
```

16.4.3　系统商品模块

在订餐管理系统中,明显商品是系统的核心内容,因此在该系统中对商品模块的设计至关重要。在商品模块中,有月售、好评率、加入购物车、商品信息、商品评价,还有关于商品的图片、价格、种类和说明等信息的介绍。商品信息图如图 16-5 所示。

图 16-5　商品信息图

下面是针对商品模块中的要求设计的代码。代码如下：

```
<template>
 <transition name="fade">
  <div v-show="showFlag" class="food">
    <div class="fond-content">
      <div class="image-header">
        <img :src="food.image" alt="">
        <div class="back" @click="hide">
          <i class="iconfont icon-weibiaoti6-copy"></i>
        </div>
      </div>
      <div class="content">
        <h1 class="title">{{food.name}}</h1>
        <div class="detail">
          <span class="sell-count">月售{{food.sellCount}}份</span>
          <span class="rating"> 好评率{{food.rating}}%</span>
        </div>
        <div class="price">
          <span class="now">￥{{food.price}}</span>
          <span class="old" v-show="food.oldPrice">￥{{food.oldPrice}}</span>
        </div>
        <div class="cartControl-wrapper">
          <cartControl :food="food"></cartControl>
        </div>
        <transition name="buy">
          <div class="buy" @click.stop.prevent="addFirst($event)" v-show="!food.count || food.count
            === 0">
            加入购物车
          </div>
        </transition>
      </div>
      <split></split>
      <div class="info" v-show="food.info">
        <h1 class="title">商品信息</h1>
        <p class="text">{{food.info}}</p>
      </div>
      <split></split>
      <div class="rating">
        <h1 class="title">商品评价</h1>
        <ratingselect @increment="incrementTotal" :select-type="selectType" :only-content=
         "onlyContent" :desc="desc"
          :ratings="food.ratings"></ratingselect>
        <div class="rating-wrapper">
          <ul v-show="food.ratings && food.ratings.length">
            <li v-show="needShow(rating.rateType, rating.text)" class="rating-item border-1px"
              v-for="rating in food.ratings">
              <div class="user">
                <span class="name">{{rating.username}}</span>
                <img width="12" height="12" :src=rating.avatar alt="" class="avatar">
              </div>
              <div class="time">{{rating.rateTime | formatDate}}</div>
              <p class="text">
                <i class="iconfont"
                  :class="{'icon-damuzhi':rating.rateType === 0,'icon-down':rating.rateType ===
```

```
                    1,}"></i>
                {{rating.text}}
              </p>
            </li>
          </ul>
          <div class="no-rating" v-show="!food.ratings || food.ratings.length === 0"></div>
        </div>
      </div>
    </div>
  </transition>
</template>
```

以皮蛋蔬菜粥为例，根据商品的具体价格、种类、信息说明和针对商品的评论等编写代码如下：

```
"goods": [
    {
        "name": "热卖榜",
        "type": -1,
        "foods": [
            {
            "name": "皮蛋蔬菜粥",
            "price": 8,
            "oldPrice": "",
            "description": "咸粥",
            "sellCount": 29,
            "rating": 10,
            "info": "热腾腾的皮蛋蔬菜粥，赶走冬日严寒",
            "ratings": [
                {
                "username": "3******c",
                "rateTime": 1469281964000,
                "rateType": 0,
                "text": "每次必点的皮蛋蔬菜粥",
                "avatar": "http://static.galileo.xiaojukeji.com/static/tms/default_header.png"
                },
                {
                "username": "2******3",
                "rateTime": 1469271264000,
                "rateType": 0,
                "text": "",
                "avatar": "http://static.galileo.xiaojukeji.com/static/tms/default_header.png"
                },
                {
                "username": "3******b",
                "rateTime": 1469261964000,
                "rateType": 1,
                "text": "",
                "avatar": "http://static.galileo.xiaojukeji.com/static/tms/default_header.png"
                }
            ],
            "icon": "http://fuss10.elemecdn.com/c/cd/c12745ed8a5171e13b427dbc39401jpeg.jpeg?imageView2/1/w/114/h/114",
            "image": "http://fuss10.elemecdn.com/c/cd/c12745ed8a5171e13b427dbc39401jpeg.jpeg?imageView2/1/w/750/h/750"
            },
            ...
```

16.4.4 商品分类模块

在订餐管理系统的首页中,可以看到对商品的分类,如单人套餐、饮品限时优惠等专区。这样,对于用户选择来说,具有针对性。商品分类图如图 16-6 所示。

图 16-6 商品分类图

关于商品分类的代码如下:

```
<li class="menu-item border-1px">
  <span class="text">
   <span class=" icon special"></span>
   <li class="menu-item border-1px">
     <span class="text">
       <span class=" icon" style="display: none;"></span>
       热卖榜
     </span>
   </li>
     单人套餐
   </span>
</li>
<li class="menu-item border-1px current">
  <span class="text">
    <span class=" icon discount"></span>
    饮品限时优惠
  </span>
</li>
<li class="menu-item border-1px">
  <span class="text">
    <span class=" icon" style="display: none;"></span>
    热菜
  </span>
</li>
<li class="menu-item border-1px">
  <span class="text">
```

```html
    <span class=" icon" style="display: none;"></span>
    可口凉菜
  </span>
</li>
<li class="menu-item border-1px">
  <span class="text">
    <span class=" icon" style="display: none;"></span>
    热卖套餐
  </span>
</li>
<li class="menu-item border-1px">
  <span class="text">
    <span class=" icon" style="display: none;"></span>
    果拼果汁
  </span>
</li>
<li class="menu-item border-1px">
  <span class="text">
    <span class=" icon" style="display: none;"></span>
    小吃主食
  </span>
</li>
<li class="menu-item border-1px">
  <span class="text">
    <span class=" icon" style="display: none;"></span>
    特色粥品
  </span>
</li>
```

16.4.5 商家评论模块

在订餐管理系统中，订餐者在进行商品选购的时候，可以根据评论模块对所选择商品的质量进行查看。在评论模块中会对商家的综合评分、服务态度、送达时间和订餐者对商品的评论等进行展示。

商家评论模块图如图16-7所示。

图16-7　商家评论图

根据上述对商家评论模块的描述，编写代码如下：

```
<template>
  <div class="ratings">
  <div>
  <div class="ratings-content">
    <div class="overview">
      <div class="overview-left">
        <h1 class="score">{{seller.score}}</h1>
        <div class="title">综合评分</div>
        <div class="rank">高于周边商家{{seller.rankRate}}%</div>
      </div>
      <div class="overview-right">
        <div class="score-wrapper">
          <span class="title">服务态度</span>
          <star :size="36" :score="seller.serviceScore"></star>
          <span class="score">{{seller.serviceScore}}</span>
        </div>
        <div class="score-wrapper">
          <span class="title">商品评分</span>
          <star :size="36" :score="seller.foodScore"></star>
          <span class="score">{{seller.foodScore}}</span>
        </div>
        <div class="delivery-wrapper">
          <span class="title">送达时间</span>
          <span class="delivery">{{seller.deliveryTime}}分钟</span>
        </div>
      </div>
    </div>
  </div>
    <split></split>
    <ratingselect @increment="incrementTotal" :select-type="selectType" :only-content="onlyContent" :ratings="ratings">
    </ratingselect>
    <div class="rating-wrapper border-1px">
      <ul>
      <li v-for="rating in ratings" class="rating-item" v-show="needShow(rating.rateType, rating.text)">
        <div class="avatar">
          <img :src="rating.avatar" alt="" width="28" height="28">
        </div>
        <div class="content">
          <h1 class="name">{{rating.username}}</h1>
          <div class="star-wrapper">
            <star :size="24" :score="rating.score"></star>
            <span class="delivery" v-show="rating.deliveryTime">
            {{rating.deliveryTime}}
            </span>
          </div>
          <p class="text">{{rating.text}}</p>
          <div class="recommend" v-show="rating.recommend &&rating.recommend.length">
            <i class="iconfont icon-damuzhi"></i>
            <span class="item" v-for="item in rating.recommend" >{{item}}</span>
          </div>
          <div class="time">
```

```
        {{rating.rateTime | formatDate}}
      </div>
    </div>
   </li>
  </ul>
 </div>
</div>
</div>
```

16.4.6 加入购物车模块

当订餐者选择好自己所要购买的商品后,可以把商品加入购物车进行付款。这种操作也是我们在购买商品的时候常用的一种操作,能够帮助我们清楚地知道自己所需选择的商品是哪些,不容易混淆。选择好的商品加入购物车后,单击"去结算"按钮,当超过 20 元起送价后,显示支付金额,完成订单,效果如图 16-8 所示。如果所选商品不足 20 元,则不能进行结算,如图 16-9 所示。

图 16-8 订单支付图

图 16-9 商品结算图

把选择的商品加入购物车,代码如下:

```html
<template>
  <div>
    <div class="shopCart">
    <div class="content" @click="toggleList($event)">
    <div class="content-left">
    <div class="logo-wrapper">
      <div class="logo" :class="{'highlight': totalCount > 0}">
        <i class="iconfont icon-gouwuche" :class="{'highlight': totalCount > 0}"></i>
      </div>
        <div class="num" v-show="totalCount > 0">{{totalCount}}</div>
      </div>
        <div class="price" :class="{'highlight': totalPrice > 0}">¥{{totalPrice}}</div>
        <div class="desc">另需配送费¥{{deliveryPrice}}元</div>
      </div>
        <div class="content-right" @click.stop.prevent="pay">
        <div class="pay" :class="payClass">
        {{payDesc}}
        </div>
        </div>
    </div>
    <div class="ball-container">
    <div v-for="ball in balls">
      <transition name="drop" @before-enter="beforeEnter" @enter="enter" @after-enter="afterEnter">
          <div v-show="ball.show" class="ball">
            <div class="inner inner-hook">
            </div>
            </div>
      </transition>
    </div>
    </div>
    </div>
      <transition name="fade">
      <div class="shopcart-list" v-show="listShow">
      <div class="list-header">
        <h1 class="title">购物车</h1>
        <span class="empty" @click="empty">清空</span>
      </div>
      <div class="list-content" ref="listContent">
        <ul>
          <li class="shopcart-food" v-for="food in selectFoods">
            <span class="name">{{food.name}}</span>
            <div class="price"><span>¥{{food.price * food.count}}</span></div>
            <div class="cartControl-wrapper">
            <cartControl :food="food"></cartControl>
            </div>
          </li>
        </ul>
      </div>
      </div>
      </transition>
    </div>
      <transition name="fade">
      <div class="list-mask" v-show="listShow" @click="hideList()"></div>
      </transition>
    </div>
```

16.4.7 商家星级模块

在我们订餐的时候,除了将商家评价作为参考外,还可以用商家星级作为参考标准。星级评分在 Web 开发中经常会用到,因此把它封装成一个 Vue 组件是很合适的,需要通过后台传递过来的 score 来写业务逻辑。在此订餐管理系统中,"香粥坊"显示为四星商家,如图 16-10 所示。

图 16-10　商家星级图

关于商家星级模块中的代码如下:

```
<template>
<div class="star">
 <div class="star-item" :class="starType">
  <span v-for="itemClass in itemClasses" :class="itemClass" class="star-item" ></span>
 </div>
</div>
</template>
<script type="text/ecmascript-6">
  const LENGTH = 5;
  const CLS_ON = 'on';
  const CLS_HALF = 'half';
  const CLS_OFF = 'off';
  export default {
   props: {
    size: {
     type: Number
    },
    score: {
     type: Number
    }
   },
   computed: {
    starType(){
     return 'star-' + this.size;
    },
    itemClasses(){
     let result = [];
     let score = Math.floor(this.score * 2) / 2;
```

```
        let hasDecimal = score % 1 !== 0;
        let integer = Math.floor(score);
        for(let i = 0; i < integer; i++){
          result.push(CLS_ON);
        }
        if(hasDecimal){
          result.push(CLS_HALF);
        }
        while(result.length < LENGTH){
          result.push(CLS_OFF);
        }
          return result;
      }
    }
  };
</script>
<style lang="stylus" rel="stylesheet/stylus">
  @import "star.styl";
</style>
```

16.5 本章总结

本系统通过 Vue 的框架结构利用 HBuilder X 软件进行开发，形成一个完整的订餐管理系统。订餐者在订餐管理系统中可以选择自己所需要的商品，然后进行结算付款流程。在前端支付界面的弹窗设计，能够优化对系统的操作，降低因失误造成的错误，具有良好的交互性，从而提高系统使用的效率。

本章通过介绍订餐管理系统的流程，使读者对商品模块、商家模块、加入购物车模块等的开发有一个全面的了解，为读者使用 Vue 框架构建其他系统提供了帮助。

第 17 章

网上图书销售系统

本章概述

本章主要讲解利用 HBuilder X 软件，用 Vue 框架编写出来的网上图书销售系统。该系统具有完整的功能进行图书出售。

本章要点

- 项目开发背景。
- 系统功能设计。
- 系统开发必备。
- 功能模块的设计与实现。

17.1 开发背景

在网络日益发展的今天，网络已经深入到人们的日常生活中，用户通过网络可以传递感情、交流信息及共享资源。网络教学与电子商务也应运而生，快速普及。许多国家的售卖网站是十分发达的，人们已经从线下销售转移到线上销售。互联网是重要的销售渠道。当然，在今天随着我国网络的发展，传统书店已经不能满足顾客对于书籍的需求。目前，网上书店已经成为电子商务队伍中富有特色与活力的一员，它为图书采购开辟了一条新途径。在电子商务的快速发展的今天，网上书店也必然前景广阔。

在计算机高速发展的今天，将计算机这一"利器"应用于图书销售中，大大提高了图书的销售量。网上图书销售系统是电子商务的典型代表，是以当前商务的网络化、快速化实际需求为背景，实现图书购买、送货上门等服务为前提的综合信息服务系统；读者通过互联网快速与方便地了解、购买、搜索图书，而商家可以方便地发布、介绍、出售图书，大大减少企业的运营成本，提高工作效率。从长远的角度考虑，网上图书销售系统不仅响应国家大力发展网络出版的号召，还为提高偏远地区图书普及率、提高全社会文化素质贡献力量。

17.2　系统功能设计

本节所介绍的网上图书销售系统是一个完整的图书售卖系统。它包括用户在访问网站时的注册和登录功能，也包括对网站的介绍、对图书的介绍等。用户可以根据图书的介绍选择适合自己的图书，进行下单购买、支付操作。该系统具有设计简洁、可读性强、易于操作等优点。该系统采用 Vue 框架进行开发，可以在应用范围较广的 UNIX、Windows 系列操作系统上使用。

网上图书销售系统的功能结构图如图 17-1 所示。

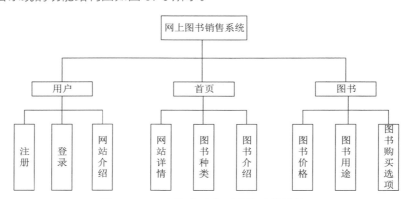

图 17-1　网上图书销售系统的功能结构图

17.3　系统开发必备

网上图书销售系统的实现需要一定的开发环境和所需框架的各项技术作为支撑。

17.3.1　系统开发环境要求

开发网上图书销售系统前，本地计算机需满足以下条件。

（1）操作系统：Windows 7 以上。
（2）开发工具：HBuilder X。
（3）开发框架：Vue.js。
①安装 Node.js。
②设置 Node.js prefix（全局）和 cache（缓存）路径。
③基于 Node.js 安装 cnpm（淘宝镜像）。

17.3.2　框架整合配置

在程序的构造、运行过程中，形成了如图 17-2 所示的整体结构。下面针对框架配置进行解释。

（1）build：webpack 的打包编译配置文件。
（2）config：文件夹存放的是一些配置项，例如服务器访问的端口配置等。
（3）node_modules：是安装 Node.js 后，用来存放包管理工具的文件夹，例如 webpack、gulp、grunt 这些工具。

（4）src：生产目录。
（5）static：针对目录下的 Vue 项目静态资源报错。
（6）index.html：整个项目的入口文件，将会引用根组件。
（7）package.json：项目配置文件。

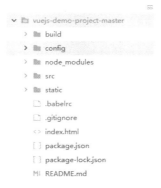

图 17-2　整体结构图

17.3.3　程序运行

（1）单击 HBuilder X 上的"运行"按钮，选择"运行到终端"，然后选择 npm run dev 选项，如图 17-3 所示。

图 17-3　执行命令运行程序

（2）跳转出如图 17-4 所示的界面，复制网址。

图 17-4　复制网址

（3）把网址复制到浏览器中打开，就能访问到网上图书销售系统。

17.4 系统功能模块设计与实现

根据系统需求，本节将对系统中的各个模块进行详细的说明，并对模块的构成和模块中的代码进行分析。

17.4.1 首页模块

使用网上图书销售系统，首先关注的就是系统具有哪些图书和对系统具有了解。如图 17-5 所示，展示了在网上图书销售系统中首页所显示的各种商品信息（如关于系统的商品说明、最新消息的发布、销售图书的展示）。在系统的左上角有返回首页的标志、右上角是关于新用户的"注册"和"登录"链接及"关于"网站的介绍。

图 17-5　系统首页图

下面是程序中"登录""注册"和"关于"相关操作的代码。

```
<template>
  <div>
    <div class="app-head">
      <div class="app-head-inner">
        <router-link :to="{name: 'index'}" class="head-logo">
          <img src="./assets/logo.png">
        </router-link>
        <div class="head-nav">
          <ul class="nav-list">
            <li @click="showDialog('isShowLogin')">登录</li>
            <li class="nav-pile">|</li>
            <li @click="showDialog('isShowReg')">注册</li>
            <li class="nav-pile">|</li>
            <li @click="showDialog('isShowAbout')">关于</li>
          </ul>
        </div>
      </div>
    </div>
    <div class="container">
```

```
      <keep-alive>
        <router-view></router-view>
      </keep-alive>
    </div>
    <div class="app-foot">
      <p>© 2019 计算机行业图书</p>
    </div>
    <this-dialog :is-show="isShowAbout" @on-close="hideDialog('isShowAbout')">
      <p>本平台是针对最新出版的计算机类图书进行售卖的平台。在平台中针对图书的种类进行了详细的介绍和说明，对用户购买书籍起到明确的指导作用；针对图书的使用具有完善的售后管理，希望广大读者在计算机行业更上一层楼。</p>
    </this-dialog>
    <this-dialog :is-show="isShowLogin" @on-close="hideDialog('isShowLogin')">
      <login-form @on-success="" @on-error=""></login-form>
    </this-dialog>
  </div>
</template>
<script>
import ThisDialog from '@/components/base/dialog'
import LoginForm from '@/components/logForm'
export default {
 name: 'app',
  components: {
    ThisDialog,
    LoginForm
  },
  data: function(){
    return {
      isShowAbout: false,
      isShowLogin: false,
      isShowReg: false
    }
  },
  methods: {
    showDialog(param){
      this[param] = true
    },
    hideDialog(param){
      this[param] = false
    }
  }
}
</script>
```

下面是针对首页中出现的图片，进行系统之间的连接。详细代码如下：

```
<template>
  <div class="hello">
    <h1>{{ msg }}</h1>
    <h2>Essential Links</h2>
    <ul>
      <li><a href="https://vuejs.org" target="_blank">Core Docs</a></li>
      <li><a href="https://forum.vuejs.org" target="_blank">Forum</a></li>
      <li><a href="https://chat.vuejs.org" target="_blank">Community Chat</a></li>
      <li><a href="https://twitter.com/vuejs" target="_blank">Twitter</a></li>
      <br>
      <li><a href="http://vuejs-templates.github.io/webpack/" target="_blank">Docs for This
```

```
Template</a></li>
      </ul>
      <h2>Ecosystem</h2>
      <ul>
        <li><a href="http://router.vuejs.org/" target="_blank">vue-router</a></li>
        <li><a href="http://vuex.vuejs.org/" target="_blank">vuex</a></li>
        <li><a href="http://vue-loader.vuejs.org/" target="_blank">vue-loader</a></li>
        <li><a href="https://github.com/vuejs/awesome-vue" target="_blank">awesome-vue</a></li>
      </ul>
    </div>
</template>
<script>
import Axios from 'axios'
export default {
  name: 'HelloWorld',
  data(){
    return {
      msg: 'Welcome to Your Vue.js App'
    }
  },
  mounted(){
    console.log(Axios)
    Axios.post('/api/user', {
    firstName: 'Fred',
      lastName: 'Flintstone'
    })
    .then(function(response){
      console.log(response);
    })
    .catch(function(error){
      console.log(error);
    });
  }
}
</script>
<!-- Add "scoped" attribute to limit CSS to this component only -->
    <style scoped>
    h1, h2{
        font-weight: normal;
    }
    ul {
        list-style-type: none;
        padding: 0;
    }
    li {
        display: inline-block;
        margin: 0 10px;
    }
    a {
        color: #42b983;
    }
  </style>
```

17.4.2 首页信息介绍模块

下面主要是针对系统首页的详细信息进行介绍，包括"全部产品"类型、"计算机语言类图书"的分类、书名和简介及"立即购买"按钮等。

关于首页信息介绍的代码如下：

```
import Mock from 'mockjs'
Mock.mock(/getNewsList/, {
  'list|2': [{
     'url': '@url',
     'title': '计算机图书上新'
  }]
})
Mock.mock(/getPrice/, {
    'number|1-100': 100
  })
Mock.mock(/createOrder/, 'number|1-100')
   Mock.mock(/getBoardList/, [{
     title: 'Excel 报表一劳永逸（数据+函数+表格）',
     description: '解决各种在工作中遇到的表格问题',
     id: 'car',
     toKey: 'analysis',
     saleout: '@boolean'
   },
{
  title: 'UI 设计——Web 网站与 APP 用户界面设计教程',
  description: '描绘出各种简洁大方的界面',
  id: 'earth',
  toKey: 'count',
  saleout: '@boolean'
},
{
  title: 'Python 从零学习到项目实践',
  description: '通过项目实践了解 Python 程序',
  id: 'loud',
  toKey: 'forecast',
  saleout: '@boolean'
},
{
  title: 'Java 程序设计习题精编（第 2 版）',
  description: 'Java 已经成为现在计算机应用开发领域的主流程序设计语言之一',
  id: 'hill',
  toKey: 'publish',
  saleout: '@boolean'
}
])
Mock.mock(/getProductList/, {
  pc: {
    title: '计算机操作类图书',
    list: [{
      name: 'Excle 表格',
      url: '@url',
      hot: '@boolean'
    },
```

```javascript
        {
            name: 'PPT 编辑',
            url: '@url',
            hot: '@boolean'
        },
        {
            name: 'Python 案例',
            url: '@url',
            hot: '@boolean'
        },
        {
            name: 'UI 设计',
            url: '@url',
            hot: '@boolean'
        }
        ]
    },
    app: {
        title: '计算机语言类图书',
        last: true,
        list: [
        {
            name: 'Java 类',
            url: '@url',
            hot: '@boolean'
        },
        {
            name: 'C 语言',
            url: '@url',
            hot: '@boolean'
        },
        {
            name: 'Python 类',
            url: '@url',
            hot: '@boolean'
        },
        {
            name: 'Vue 类',
            url: '@url',
            hot: '@boolean'
        }
        ]
    }
})
Mock.mock(/getTableData/, {
    "total": 25,
    "list|25": [{
    "orderId": "@id",
    "product": "@ctitle(4)",
    "version": "@ctitle(3)",
    "period": "@integer(1,5)年",
    "buyNum": "@integer(1,8)",
    "date": "@date()",
    "amount": "@integer(10, 500)元"
    }
```

```
    }
  })
```

17.4.3 用户登录模块

当使用购书平台时,我们首先要做的就是注册和登录,拥有账号后再进行购买。如图 17-6 所示,单击"登录"链接,在弹出的界面中输入已经注册的用户名和密码,单击"登录"按钮;输入错误则提示重新进行输入。

图 17-6 用户登录图

登录系统的代码如下:

```
<template>
  <div class="login-form">
    <div class="g-form">
      <div class="g-form-line" v-for="formLine in formData">
        <span class="g-form-label">{{ formLine.label }}: </span>
        <div class="g-form-input">
          <input type="text" v-model="formLine.model" placeholder="请输入用户名">
        </div>
      </div>
      <div class="g-form-line">
        <div class="g-form-btn">
          <a class="button" @click="onLogin">登录</a>
        </div>
      </div>
    </div>
  </div>
</template>
<script>
  export default {
    props: {
      'isShow': 'boolean'
    },
    data(){
      return {
      }
    },
    computed: {
      userErrors(){
        let status, errorText
        if(!/@/g.test(this.usernameModel)){
          status = false
          errorText = '必须包含@'
        }
        else {
```

```
          status = true
          errorText = ''
        }
        return {
          status,
          errorText
        }
      },
      passwordErrors(){
        let status, errorText
        if(!/@/g.test(this.usernameModel)){
          status = false
          errorText = '必须包含@'
        }
        else {
          status = true
          errorText = ''
        }
        return {
          status,
          errorText
        }
      }
    },
    methods: {
      closeMyself(){
        this.$emit('on-close')
      }
    }
  }
</script>
```

17.4.4 图书模块

在首页的显示页面，可以看到四本图书的介绍说明，相应的代码包如图 17-7 所示。下面选择其中一个关于 Python 图书的 analysis.vue 模块进行说明。

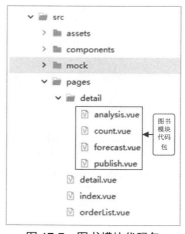

图 17-7 图书模块代码包

在首页单击"立即购买"按钮后，进入图书的介绍界面，其中包括针对图书的分类、价格、书本说明、视频讲解、图书特点等多方面的介绍（这里针对 Python 图书模块进行介绍），如图 17-8 所示。购买图书前，可以借助该界面对图书内容进行了解。

图 17-8　图书介绍图

在该界面中，可以针对自己的学习需求选购相应的图书类型、选择相应的售后时间及产品版本（见图 17-9）。这些选项的加入，能够使学习更具有针对性。

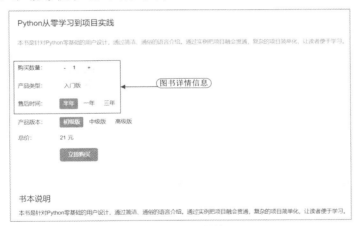

图 17-9　图书详情图

关于图书模块（以 Python 图书为例）的代码如下：

```
<template>
  <div class="sales-board">
    <div class="sales-board-intro">
      <h2>Python 从零学习到项目实践</h2>
      <p>本书是针对 Python 零基础的用户设计，通过简洁、通俗的语言介绍。通过实例把项目
      融会贯通，复杂的项目简单化，让读者便于学习。</p>
    </div>
    <div class="sales-board-form">
      <div class="sales-board-line">
        <div class="sales-board-line-left">
          购买数量：
        </div>
```

```html
        <div class="sales-board-line-right">
          <v-counter @on-change="onParamChange('buyNum', $event)"></v-counter>
        </div>
      </div>
      <div class="sales-board-line">
        <div class="sales-board-line-left">
          产品类型:
        </div>
        <div class="sales-board-line-right">
          <v-selection :selections="buyTypes"
          @on-change="onParamChange('buyType', $event)"></v-selection>
        </div>
      </div>
      <div class="sales-board-line">
        <div class="sales-board-line-left">
          售后时间:
        </div>
        <div class="sales-board-line-right">
          <v-chooser :selections="periodList" @on-change="onParamChange('period', $event)"></v-chooser>
        </div>
      </div>
      <div class="sales-board-line">
        <div class="sales-board-line-left">
          产品版本:
        </div>
        <div class="sales-board-line-right">
          <v-mul-chooser :selections="versionList" @on-change="onParamChange('versions', $event)"></v-mul-chooser>
        </div>
      </div>
      <div class="sales-board-line">
        <div class="sales-board-line-left">
          总价:
        </div>
        <div class="sales-board-line-right">
          {{ price }} 元
        </div>
      </div>
    <div class="sales-board-line">
      <div class="sales-board-line-left"> </div>
      <div class="sales-board-line-right">
        <div class="button" @click="showPayDialog">
          立即购买
        </div>
      </div>
    </div>
  </div>
  <div class="sales-board-des">
    <h2>书本说明</h2>
    <p>本书是针对 Python 零基础的用户设计, 通过简洁、通俗的语言介绍。通过实例把项目融会
    贯通, 复杂的项目简单化, 让读者便于学习。</p>
    <h3>视频讲解</h3>
    <ul>
      <li>与其他市面上的计算机图书相比较, 突出的优点就是视频讲解</li>
      <li>方便用户高效率的学习, 录制了 77 节高清微视频讲解</li>
```

```html
        <li>关注公众号即可获得下载资源</li>
        <li>也可以通过加 QQ1234567 获得视频资源</li>
    </ul>
    <h3>本书的特点</h3>
    <ul>
        <li>突出实战。本书除了设置大量的案例外，还在每章设置了习题和上机实验，
            使读者切实掌握每章的核心内容。</li>
        <li>方便读者学习。本书制作了 PPT，读者可以快速地浏览每章的重点内容</li>
        <li>提供多种下载方法。读者可以选择合适的方法下载本书的配套资源</li>
        <li>在线服务。本书创建了 QQ 交流群，让你的编程学习无后顾之忧</li>
        <li>读者对象。本书针对面广，如大中专在校学生、IT 行业编程人员、编程爱好者</li>
    </ul>
 </div>
 <my-dialog :is-show="isShowPayDialog" @on-close="hidePayDialog">
    <table class="buy-dialog-table">
        <tr>
            <th>购买数量</th>
            <th>产品类型</th>
            <th>售后时间</th>
            <th>产品版本</th>
            <th>总价</th>
        </tr>
        <tr>
            <td>{{ buyNum }}</td>
            <td>{{ buyType.label }}</td>
            <td>{{ period.label }}</td>
            <td>
                <span v-for="item in versions">{{ item.label }}</span>
            </td>
            <td>{{ price }}</td>
        </tr>
    </table>
    <h3 class="buy-dialog-title">请选择银行</h3>
    <bank-chooser @on-change="onChangeBanks"></bank-chooser>
        <div class="button buy-dialog-btn" @click="confirmBuy">
            确认购买
        </div>
</my-dialog>
        <my-dialog :is-show="isShowErrDialog" @on-close="hideErrDialog">
            支付失败！
        </my-dialog>
        <check-order :is-show-check-dialog="isShowCheckOrder"
            :order-id="orderId" @on-close-check-dialog="hideCheckOrder"></check-order>
    </div>
</template>
<script>
    import VSelection from '../../components/base/selection'
    import VCounter from '../../components/base/counter'
    import VChooser from '../../components/base/chooser'
    import VMulChooser from '../../components/base/multiplyChooser'
    import Dialog from '../../components/base/dialog'
    import BankChooser from '../../components/bankChooser'
    import CheckOrder from '../../components/checkOrder'
    import _ from 'lodash'
    import axios from 'axios'
```

```
          export default {
            components: {
              VSelection,
              VCounter,
              VChooser,
              VMulChooser,
              MyDialog: Dialog,
              BankChooser,
              CheckOrder
            },
            data(){
              return {
                buyNum: 0,
                buyType: {},
                versions: [],
                period: {},
                price: 0,
                versionList: [{
                  label: '初级版',
                  value: 0
                  },
                  {
                    label: '中级版',
                    value: 1
                  },
                  {
                    label: '高级版',
                    value: 2
                  }
                ],
                  periodList: [
                  {
                    label: '半年',
                    value: 0
                  },
                  {
                    label: '一年',
                    value: 1
                  },
                  {
                    label: '三年',
                    value: 2
                  }
                ],
                  buyTypes: [
                  {
                    label: '入门版',
                    value: 0
                  },
                  {
                    label: '中级版',
                    value: 1
                  },
                  {
                    label: '高级版',
```

```
          value: 2
        }
      ],
      isShowPayDialog: false,
      bankId: null,
      orderId: null,
      isShowCheckOrder: false,
      isShowErrDialog: false
    }
  },
  methods: {
    onParamChange(attr, val){
      this[attr] = val
      this.getPrice()
    },
    getPrice(){
      let buyVersionsArray = _.map(this.versions,(item) => {
        return item.value
      })
      let reqParams = {
        buyNumber: this.buyNum,
        buyType: this.buyType.value,
        period: this.period.value,
        version: buyVersionsArray.join(',')
      }
      axios.post('/api/getPrice', reqParams).then((res) => {
        this.price = res.data.number
      })
    },
    showPayDialog(){
      this.isShowPayDialog = true
    },
    hidePayDialog(){
      this.isShowPayDialog = false
    },
    hideErrDialog(){
      this.isShowErrDialog = false
    },
    hideCheckOrder(){
      this.isShowCheckOrder = false
    },
    onChangeBanks(bankObj){
      this.bankId = bankObj.id
    },
    confirmBuy(){
      let buyVersionsArray = _.map(this.versions,(item) => {
        return item.value
      })
      let reqParams = {
        buyNumber: this.buyNum,
        buyType: this.buyType.value,
        period: this.period.value,
        version: buyVersionsArray.join(','),
        bankId: this.bankId
      }
```

```
            axios.post('/api/createOrder', reqParams)
              .then((res) => {
                this.orderId = res.data.orderId
                this.isShowCheckOrder = true
                this.isShowPayDialog = false
              })
              .catch((err) => {
                this.isShowBuyDialog = false
                this.isShowErrDialog = true
              })
          }
      },
      mounted(){
        this.buyNum = 1
        this.buyType = this.buyTypes[0]
        this.versions = [this.versionList[0]]
        this.period = this.periodList[0]
        this.getPrice()
      }
    }
</script>
```

17.4.5 购买模块

当购书者在网站进行浏览，选择好自己所要购买的图书后，单击"立即购买"按钮，会出现如图17-10所示的界面。该界面展示出用户所要购买图书的信息，进行再次比对，然后单击"确认购买"按钮。

图17-10 购买付款图

关于购买模块银行卡支付的代码如下：

```
<template>
  <div class="chooser-component">
  <ul class="chooser-list">
    <li v-for="(item, index) in banks" @click="chooseSelection(index)"
      :title="item.label"
      :class="[item.name, {active: index === nowIndex}]"
    </li>
  </ul>
  </div>
</template>
<script>
  export default {
    data(){
      return {
        nowIndex: 0,
```

```
      banks: [{
        id: 201,
        label: '招商银行',
        name: 'zhaoshang'
      },
      {
        id: 301,
        label: '中国建设银行',
        name: 'jianshe'
      },
      {
        id: 101,
        label: '中国工商银行',
        name: 'gongshang'
      },
      {
        id: 401,
        label: '中国农业银行',
        name: 'nongye'
      },
      {
        id: 1201,
        label: '中国银行',
        name: 'zhongguo'
      },]
    }
  },
  methods: {
    chooseSelection(index){
      this.nowIndex = index
      this.$emit('on-change', this.banks[index])
    }
  }
}
</script>
```

17.4.6　支付模块

选择一种银行卡支付方式，单击"确认购买"按钮后，会出现如图 17-11 所示的界面。在该界面中，购书者可以查看自己是支付成功还是支付失败。

图 17-11　支付状态图

下面是关于用户是否支付成功的代码：

```
<template>
  <div>
    <this-dialog :is-show="isShowCheckDialog" @on-close="checkStatus">
      请检查你的支付状态！
      <div class="button" @click="checkStatus">
      支付成功
```

```
            </div>
            <div class="button" @click="checkStatus">
                支付失败
            </div>
        </this-dialog>
        <this-dialog :is-show="isShowSuccessDialog" @on-close="toOrderList">
            购买成功!
        </this-dialog>
        <this-dialog :is-show="isShowFailDialog" @on-close="toOrderList">
            购买失败!
        </this-dialog>
    </div>
</template>
<script>
    import Dialog from './base/dialog'
    import axios from 'axios'
    export default {
        components: {
            thisDialog: Dialog
        },
        props: {
            isShowCheckDialog: {
                type: Boolean,
                default: false
            },
            orderId: {
                type: [String, Number]
            }
        },
        data(){
            return {
                isShowSuccessDialog: false,
                isShowFailDialog: false
            }
        },
        methods: {
            checkStatus(){
                axios.post('/api/checkOrder', {
                    orderId: this.orderId
                })
                .then((res) => {
                    this.isShowSuccessDialog = true
                this.$emit('on-close-check-dialog')
                })
                .catch((err) => {
                    this.isShowFailDialog = true
                    this.$emit('on-close-check-dialog')
                })
            },
            toOrderList(){
                this.$router.push({path: '/orderList'})
            }
        }
    }
</script>
```

```
<style scoped>
</style>
```

17.5 本章总结

本章对网上图书销售系统进行了多方位的介绍，针对系统的注册、登录及模块设计等功能的描述和代码的运行，能够让我们清楚地了解网上购物的流程。另外，针对 Vue 框架设计出来的系统，会使读者对 Vue 框架的组成及构造有更加深入的了解。

第 18 章
仿网易云音乐系统

本章概述

本系统是基于 Vue+Vue-Router+Vuex+Axios+Less 进行仿网易云音乐开发的，页面主要参照网易云音乐 App 进行仿写，代码层次清晰，易于后续的扩展与维护。

本章要点

- 项目开发背景。
- 需求分析及行业分析。
- 项目整合配置。
- 功能模块的设计与实现。

18.1 开发背景

随着如今人们对于音乐的需求日益增多，音乐移动端的使用量愈发增加。本系统通过 Vue 编写，并全面借用网易云音乐移动端的 UI 设计、功能实现等设计而成。

网易云音乐是一款专注于发现与分享的音乐产品，依托专业音乐人、DJ、好友推荐及社交功能，为用户打造全新的音乐生活。该产品于 2013 年 4 月 23 日正式发布，截至 2017 年 4 月，已经包括 iPhone、Android、Web、PC、iPad、Windows Phone 8、Mac、Windows 10 UWP、Linux 九大平台客户端。

2013 年，进入音乐"红海"的网易云音乐，在版权争夺战初期一度处于劣势，因此在社交生态中一路加速。网易云音乐以歌单作为产品架构，将歌曲榜单编辑权交给用户，给用户提供了更多发现音乐的方式。同时，网易云音乐还通过乐评功能逐渐改变了用户的听歌习惯。据了解，在网易云音乐上，有 50%的人边听歌边看评论。捕获用户的情感诉求后，网易云音乐创新了营销的思路，先后掀起了"乐评专列"、"音乐专机"、农夫山泉"乐瓶"等刷屏全网的营销活动。

2016 年 11 月，网易云音乐以 2 亿元资金启动了扶持独立音乐的"石头计划"。到 2017 年年底，有超过 5 万的独立音乐人入驻网易云音乐平台，上传原创作品超过 100 万首。2017 年 11 月，总用户数突破 4 亿。根据网易云音乐官方提供的数据，平台中累计有明星用户 448 位、音乐人 996 位、音乐达人 1394 位。

根据移动大数据服务商 QuestMobile 发布的《2017 年中国移动互联网年度报告》显示：在移动音乐行业中，网易云音乐 30 日留存率行业第一，达到 35.6%（其他音乐 App 普遍只有 30%），并入选一线城市移动网民最爱 TOP10 App 和二线城市移动网民最爱 TOP10 App 第一。

网易云音乐在宣发能力、音乐付费能力方面的表现更为突出，艾瑞咨询发布的《2018 年中国数字音乐消费研究报告》显示：在 2017 年全网上线的 20 张数字专辑中，网易云音乐共取得 13 张专辑销量第一的成绩，特别是在欧美音乐和独立音乐数字专辑的方面表现突出。在 8 张欧美音乐数字专辑中，网易云音乐独占了 6 张销售第一的"宝座"。

18.2　产品定位

网易高级产品经理王诗沐曾说："我们脑海中网易云音乐最佳的一个状态，就是用户打开了网易云音乐，短短几秒内就能播放（当然不止是已经收藏的音乐），然后在这个社群中和其他人产生互动、获得满足。找音乐的时间很短，而享受的时间很长。"

网易云音乐定位于有理想、有追求、热爱音乐的人们，除了提供单纯的听歌功能，还集中于建立一个移动音乐社区，对社区氛围及用户交流都有一定程度的把控与引导，帮助用户发现、分享音乐。

18.2.1　需求分析

下面介绍网易云音乐系统的需求分析。

功能：①移动听歌；②发现好的音乐；③良好的情感体验。

形象：①品质高；②个性化；③人性化。

用户群体：①听歌者一般是以 80 后、90 后为主，以 00 后为辅，主要适合高素质年轻人群，如大学生、白领、时尚人群、IT 从业者等；②音乐人希望音乐得到传播。

产品定位：以用户为中心的音乐社区。

18.2.2　用户分析

网易云音乐的用户主要有两类：网易的音乐从业者和音乐爱好者。网易云音乐一直很重视扶持和吸引音乐人，其中以做原创音乐的独立音乐人为主，他们在平台上分布音乐，并且可以和粉丝互动。音乐爱好者主要是一些年轻的、相对时尚、对音乐有一定追求的人，在平台的乐评中抒发情感，找到共鸣，发现自己志同道合的伙伴和更多音乐。

用户分析如表 18-1 所示。

表 18-1　用户分析

目标用户	群体	特征	需求
音乐爱好者	学生	年轻、喜欢音乐、时间充足、有自己的个性	①用户可以找到自己喜欢的音乐；②可以分享自己喜欢的音乐；③可以找到志同道合的音乐朋友
	白领	工作会有部分压力，时间碎片化	
	IT 从业者	工作压力大，可以通过音乐舒缓心情	
	时尚人群	喜欢音乐、有独特的性格和方向	

续表

目标用户	群体	特征	需求
音乐从业者	歌手	作品可以得到传播，有一定的歌迷，可以互动	①可以扩大传播速度； ②可以增加与歌迷之间的互动
	DJ	电台节目得到传播	
	音乐人	作品可以传播、与用户之间的互动	
	唱片公司	可以扩大知名度	

18.3　行业分析

1. 市场发展现状

现阶段的中国移动音乐市场已形成集移动音乐 App、版权资源方、网络运营商、支付渠道、终端设备、广告主及用户为利益相关者的多元价值产业格局。

音乐 IP 资源竞争加剧：正版音乐政策带来了激烈的版权资源争夺，各大平台纷纷通过与唱片公司开展版权合作的方式扩充自身曲库规模，围绕优质资源的独家版权、数字专辑形式的首发及音乐生态的布局展开激烈争夺，这会造成唱片公司地位提升、版权价格走高、版权竞争更为激烈。不具备购买大批量音乐版权实力的小音乐平台，由于版权匮乏而面临淘汰、被迫出局的现状。

2. 音乐平台内容差异化日趋明显

各大平台更加关注音乐 App 用户体验、产品个性化功能及商业模式创新，有利于平台内容形成差异化优势，短期内为平台提升流量。纵观中国移动音乐市场，受正版音乐政策和厂商版权资源争夺两个主导因素的影响，中国移动音乐用户规模呈现波动中增长速度趋缓态势。

3. 市场趋势分析

从中国移动音乐整体市场发展趋势来看，版权内容争夺和商业模式创新成为移动音乐市场的核心议题。未来移动音乐市场发展将有如下趋势。

①优质内容付费收听及下载：版权不清晰或盗版内容的下架带来了音乐平台的"免费+付费"模式。各家音乐平台纷纷开通优质内容付费下载及针对会员用户的付费音乐包服务。优质内容的付费收听及下载标志着中国移动音乐已迈入版权规范化阶段。

②移动音乐在移动互联网用户群体中的渗透率已达较高水平，移动音乐用户增长速度趋缓，用户规模将难以出现爆发式增长。个人认为，版权资源争夺仅作用于巨头涌入和资本密集的初始阶段，未来各大音乐平台获取用户资源的争夺会愈演愈烈。以用户体验、个性化服务、商业模式创新为引领的核心竞争力，是各大音乐平台吸引用户转移与提升现有用户活跃度的关键。

18.4　用户需求

1. "一般音乐爱好者"的用户需求和市场分析

用户需求：使用便捷、种类全、数量多。简单来说，"一般音乐爱好者"需要的是一款音乐播放器，其曲库中有大量最常见的音乐类型、最流行的歌曲和歌星，是最大众化的需求。

"一般音乐爱好者"需要的是很常见的一些功能,如音乐播放器、音乐曲库等。这些基本功能的技术门槛并不高,于是成败的关键问题就变成了 App 的推广和运营能力。那些大的门户网站和比较早的知名音乐网站本身就拥有品牌知名度、大量用户和运营经验,自然占有绝对的优势。同时,这类 App 的差异不大,因此一旦建立使用习惯,很难改变。

2. "超级音乐爱好者"的用户需求和市场分析

用户需求:音乐内容、品质和服务。痴迷于某类音乐的人被称为"超级音乐爱好者",是小众人群,或更准确地说,是某类音乐群族。这些人把音乐作为生活中非常重要的组成部分,对音乐品质和服务有着极致的追求。

用户特征:主要面向"超级音乐爱好者"。

(1)年轻:85 后移动音乐听众为主流,90 后占比最高,其次是 00 后。

(2)女性用户占有明显优势:移动音乐领域,男性用户约占 38%,女性用户约占 62%。

(3)用户更多分布于经济较发达地区,用户文化层次较高,对新生事物的学习和消费需求较为高涨。

主要面向的用户群为音乐消费者,即需要听音乐的普通用户;其次是音乐内容生产者,即为该平台提供音乐内容的人,包括唱片公司、独立音乐人、歌手、DJ。其中,音乐消费者是网易云音乐此次的切入点,用社交化的推荐和分享方式帮助用户寻找好的音乐。

18.5 项目整体结构

项目整体结构如图 18-1 所示:

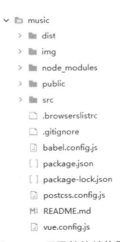

图 18-1 项目整体结构图

18.6 系统功能模块设计与实现

本系统实现的功能包括推荐页面、搜索功能、歌单页面、歌手页面、播放器等。下面根据系统模块的需求,对各功能的页面进行介绍。

18.6.1 头部页面

在页面布局中是不可能没有 header 的,所以下面将介绍 header 的代码。项目中头部页面文件的位置如图 18-2 所示。

图 18-2 头部页面文件在项目中的位置

i-header 下 i-header.vue 中的头部代码如下:

```
<template>
  <div class="i-header">
    <h1 class="text">Music</h1>
    <router-link to="/user" class="mine" tag="div">
      <i class="iconfont icon-htmal5icon35"></i>
    </router-link>
    <router-link to="/search" class="search" tag="div">
      <i class="iconfont icon-sousuo"></i>
    </router-link>
  </div>
</template>
<script>
  export default {
  }
</script>
<!--下面还有<style>…</style>中的内容,主要是对版面进行排版的 CSS 代码,具体可以见项目 music-->
```

头部代码运行效果如图 18-3 所示。

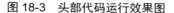

图 18-3 头部代码运行效果图

18.6.2 导航栏页面

在页面布局中的 header 下方是一个导航栏,主要可以让听音乐的人进行功能的选择,所以下面将介绍导航栏的代码。项目中导航栏文件的位置如图 18-4 所示。

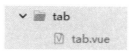

图 18-4 导航栏文件在项目中的位置

tab 下 tab.vue 中的导航栏代码如下:

```
<template>
  <div class="tab">
    <router-link tag="div" class="tab-item" to="/recommend">
      <span>推荐</span>
    </router-link>
    <router-link tag="div" class="tab-item" to="/friend">
      <span>朋友</span>
```

```
      </router-link>
      <router-link tag="div" class="tab-item" to="/broadcast">
        <span>电台</span>
      </router-link>
    </div>
  </template>
  <script>
    export default {
    }
  </script>
  <!--下面还有<style>…</style>中的内容，主要是对版面进行排版的 CSS 代码，具体可以见项目 music-->
```

导航栏代码运行效果如图 18-5 所示。

图 18-5　导航栏代码运行效果图

18.6.3　推荐页面

网易云音乐推荐页面主要是由 banner 图、推荐歌单的 VIP 系列歌曲、搜索列表、歌曲列表、推荐歌曲、朋友、电台等组成。项目中推荐页面文件的位置如图 18-6 所示。

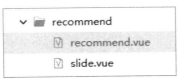

图 18-6　推荐页面文件在项目中的位置

recommend 下 recommend.vue 中的推荐歌单代码如下：

```
<template>
  <div class="recommend">
    <scroll class="recommend-content" ref="scroll" :data="recommendPlayLists">
    <div>
    <div v-show="banner.length" class="decorate" v-if="banner.length"></div>
    <div v-if="banner.length" class="slider-wrapper">
      <slider>
        <div class="slider-item" v-for="item in banner" :key="item.imageUrl">
          <img :src="item.imageUrl">
        </div>
      </slider>
    </div>
    <div class="recommend-list">
      <h1 class="title">推荐歌单</h1>
      <ul>
        <li @click="toPlayList(item)" class="item" v-for="item in recommendPlayLists" :key="item.id">
          <div class="icon">
            <div class="gradients"></div>
            <img v-lazy="item.picUrl">
          </div>
          <p class="play-count">
            <i class="iconfont icon-erji"></i>
            {{ Math.floor(item.playCount / 10000) }}万
```

```html
        </p>
        <div class="text">
          <p class="name">{{item.name}}</p>
        </div>
        </li>
      </ul>
    </div>
    <div class="recommend-song">
      <h1 class="title">推荐歌曲</h1>
      <ul>
        <li class="item" v-for="item in recommendMusics" :key="item.id">
          <div class="icon">
            <img v-lazy="item.song.album.picUrl">
          </div>
          <p class="text">{{item.name}}</p>
          <p class="singer">{{item.song.artists[0].name}}</p>
        </li>
      </ul>
    </div>
  </div>
 </scroll>
<router-view></router-view>
</div>
</template>
```
```html
<script>
  import slider from './slide';
  import scroll from '../scroll'
  export default {
    data(){
      return {
      banner: [],
      recommendPlayLists: [],
      recommendMusics: []
      }
    },
    mounted(){
      this.$http.get('/banner')
        .then((res) => {
          this.banner = res.data.banners;
        })
        this.$http.get('/personalized')
        .then((res) => {
          this.recommendPlayLists = res.data.result;
        })
        this.$http.get('/personalized/newsong')
        .then((res) => {
          this.recommendMusics = res.data.result;
        })
    },
    activated(){
      this.$nextTick(() => {
        this.$refs.scroll.refresh();
      })
    },
    methods: {
```

```
      toPlayList(item){
        this.$router.push({
          path: '/playList',
          query: {
            id: item.id
          }
        })
      }
    },
    components: {
      slider,
      scroll
    }
  }
</script>
<!--下面还有<style>…</style>中的内容，主要是对版面进行排版的 CSS 代码，具体可以见项目 music-->
```

recommend 下 slide.vue 中的推荐歌曲轮播页面代码如下：

```
template>
  <div class="slider" ref="slider">
    <div class="slider-group" ref="sliderGroup">
      <slot></slot>
    </div>
    <div class="dots">
      <span class="dot" v-for="(item, index) in dots"
      :key="index" :class="{'active' : currentPageIndex === index}"></span>
    </div>
  </div>
</template>
<script>
 import BScroll from 'better-scroll'
  export default {
    data(){
      return {
        dots: [],
        currentPageIndex: 0
      }
    },
    props: {
      //循环轮播
      loop: {
        type: Boolean,
        default: true
      },
      //自动轮播
      autoPlay: {
        type: Boolean,
        default: true
      },
      //间隔
      interval: {
        type: Number,
        default: 4000
      }
    },
```

```js
mounted(){
  setTimeout(() => {
    this._setSliderWidth()
    this._initDots()
    this._initSlider()
    this._onScrollEnd()
  }, 20)
  window.addEventListener('resize',() => {
    if(!this.slider){
      return
    }
    this._setSliderWidth(true)
  })
},
methods: {
  setSliderWidth(){
    this.children = this.$refs.sliderGroup.children
    let width = 0
    let sliderWidth = this.$refs.slider.clientWidth
    for(let i = 0; i < this.children.length; i++){
      const child = this.children[i]
      child.style.width = sliderWidth + 'px'
      width += sliderWidth
    }
    if(this.loop){
      width += 2 * sliderWidth
    }
    this.$refs.sliderGroup.style.width = width + 'px'
  },
  initSlider(){
    this.slider = new BScroll(this.$refs.slider, {
        scrollX: true,
        momentum: false,
      snap: {
        loop: this.loop,
        threshold: 0.3,
        speed: 400
      },
      snapSpeed: 400,
      bounce: false,
      stopPropagation: true,
      click: true
    })
    this.slider.on('scrollEnd', this._onScrollEnd)
  },
  _onScrollEnd(){
    let pageIndex = this.slider.getCurrentPage().pageX
    this.currentPageIndex = pageIndex
    if(this.autoPlay){
      this._play()
    }
  },
  play(){
    clearTimeout(this.timer)
    this.timer = setTimeout(() => {
```

```
        this.slider.next()
      }, this.interval)
    },
    initDots(){
      this.dots = new Array(this.children.length)
    }
  },
  destroyed(){
    clearTimeout(this.timer)
  }
}
</script>
<style lang="less" scoped>
  @import '../../assets/variable';
  .slider {
    min-height: 1px;
    position: relative;
    .slider-group {
      position: relative;
      overflow: hidden;
      white-space: nowrap;
      .slider-item {
        float: left;
        box-sizing: border-box;
        overflow: hidden;
        text-align: center;
        img {
          display: block;;
          width: 100%
        }
      }
    }
    .dots {
      position: absolute;
      right: 0;
      left: 0;
      bottom: 0px;
      text-align: center;
      //font-size: 0;
      .dot {
        display: inline-block;
        margin: 0 4px;
        width: 8px;
        height: 8px;
        border-radius: 50%;
        background: @color-text-l;
        &.active {
          border-radius: 5px;
          background: @color-highlight-background;
        }
      }
    }
  }
</style>
```

推荐页面运行效果如图 18-7 所示。

图 18-7　推荐页面运行后的效果图

推荐歌单 VIP 页面运行效果如图 18-8 所示。

图 18-8　推荐歌单 VIP 页面运行后的效果图

18.6.4　搜索功能

在推荐页面右上方有一个搜索的标记，单击后会出现一些搜索过的热搜词，任选一个则会出现一些简介。项目中搜索功能文件的位置如图 18-9 所示。

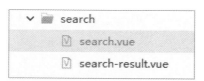

图 18-9　搜索功能文件在项目中的位置

search 下 search.vue 中的搜索功能代码如下：

```html
<template>
  <transition name='search'>
    <div class="search">
      <div class="search-box-wrapper">
        <i class="iconfont icon-sdf" @click="back"></i>
        <div class="search-box">
          <input type="text" class="box" v-model="query">
          <i v-show="query" class="iconfont icon-guanbi" @click="emptyQuery"></i>
```

```
          </div>
        </div>
      <scroll class="search-scroll-wrapper" ref="scroll">
        <div>
          <div class="search-hots" v-show="!query">
            <p class="title">热门搜索</p>
            <span @click="setQuery(item.first)" class="search-hots-item" v-for="(item,index) in hots" :key="index">
              {{item.first}}
            </span>
          </div>
          <search-result v-show="query" :query="query"></search-result>
        </div>
      </scroll>
    </div>
  </transition>
</template>
<script>
 import scroll from '../scroll'
 import searchResult from './search-result'
   export default {
     data(){
       return {
         hots: [1,2],
         query: ''
       }
     },
     created(){
       this.getHots()
     },
     activated(){
       this.query = ''
     },
     methods: {
       back(){
         this.$router.back();
         this.query = '';
       },
       getHots(){
         this.$http.get('/search/hot')
         .then((res) => {
           this.hots = res.data.result.hots
         })
       },
       setQuery(query){
         this.query = query;
       },
       emptyQuery(){
         this.query = '';
       }
     },
       components: {
         scroll,
         searchResult
       }
```

```
    }
</script>
<!--下面还有<style>…</style>中的内容，主要是对版面进行排版的CSS代码，具体可以见项目music-->
```

search 下 search-result.vue 中的搜索结果代码如下：

```html
<template>
    <div class="search-result">
        <loading v-show='loading'></loading>
        <div class="songs" v-show='!loading'>
            <p class="title">单曲</p>
            <ul class="song-list">
                <li class="song" v-for="item in songs" :key="item.id" @click="addToPlay(item)">
                    <p class="name">{{item.name}}</p>
                    <p class="singer">{{item.artists[0].name}}</p>
                </li>
            </ul>
        </div>
        <div class="play-lists" v-show='!loading'>
            <p class="title">歌单</p>
            <ul class="playLists-list">
                <li class="playList" v-for="item in playLists" :key="item.id" @click="toPlayList(item)">
                    <img :src="item.coverImgUrl" class="playList-img">
                    <div class="text">
                        <p class="name">{{item.name}}</p>
                        <p class="desc">{{item.description}}</p>
                    </div>
                </li>
            </ul>
        </div>
        <div class="singers" v-show='!loading'>
            <p class="title">歌手</p>
            <ul class="singer-list">
                <li class="singer" v-for="item in artists" :key="item.id" @click="toSinger(item)">
                    <img :src="item.img1v1Url" class="singer-img">
                    <p class="name">{{item.name}}</p>
                </li>
            </ul>
        </div>
    </div>
</template>
<script>
import {debounce} from '../../assets/debounce.js'
import { clearTimeout, setTimeout } from 'timers';
import loading from '../loading'
export default {
    props: {
        query: {
            type: String,
            default: '',
            selectSong: {}
        }
    },
    data(){
        return {
```

```js
            songs: [],
            playLists: [],
            artists: []
        }
},
activated(){
    this.$store.commit('SHOW_LOADING');
},
created(){
    this.$watch('query', debounce((newQuery) => {
        console.log(newQuery);            //在 watch 属性中写就执行不了
        if(newQuery.length){
            this.getSearchRes(newQuery);
        }
    }, 1000))
},
methods: {
    getSearchRes(newQuery){

        this.$http.get('http://116.62.124.130:3000/search/suggest?keywords='+newQuery)
        .then((res) => {
            console.log(res.data)
            this.artists = res.data.result.artists;
            this.songs = res.data.result.songs;
            this.playLists = res.data.result.playlists;
            this.$store.commit('HIDE_LOADING');
        })
    },
    addToPlay(item){
        this.$http.get('/song/detail?ids=${item.id}')
        .then((res) => {
            console.log(res.data.songs[0]);
            this.selectSong = res.data.songs[0];
            console.log(this.playingList.length);
            let index = this.playingList.length;
            this.$store.dispatch('addToplayList' ,{
                index : index,
                song: this.selectSong
            })
        })
    },
    toPlayList(item){
        this.$router.push({
            path: '/playList',
            query: {
                id: item.id
            }
        })
    },
    toSinger(item){
        this.$router.push({
            path: '/singer',
            query: {
                id: item.id
            }
```

```
            })
        }
    },
    computed: {
        loading(){
            return this.$store.state.LOADING;
        },
        playingList(){
            return this.$store.state.playingList;
        },
    },
    components :{
        loading
    }
}
</script>
<!--下面还有<style>…</style>中的内容,主要是对版面进行排版的CSS代码,具体可以见项目music-->
```

在推荐列表中单击搜索图标后,运行效果如图18-10所示。

图 18-10　热门搜索效果图

单击热门搜索中的歌曲、歌手名等热词后,运行效果如图18-11所示。

图 18-11　热门搜索介绍页面效果图

18.6.5 歌单页面

歌单在音乐项目中也占有重要位置，可以让我们看到所有的歌曲名单。在歌单页面中，单击歌曲图标，就可以进行歌曲的播放。下面将对仿网易云音乐系统中的歌单页面进行介绍。

项目中歌单页面文件的位置如图 18-12 所示。

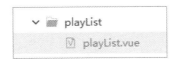

图 18-12　歌单页面文件在项目中的位置

playList 下 playList.vue 中的歌单页面代码如下：

```vue
<template>
  <transition name="slide" mode="out-in">
    <div class="music-list">
      <div class="header" ref="header">
        <div class="back" @click="back">
          <i class="iconfont icon-sdf"></i>
        </div>
        <div class="text">
          <h1 class="title">{{headerTitle}}</h1>
        </div>
      </div>
      <scroll class="list" :data="listDetail.tracks" ref="list">
        <div class="music-list-wrapper">
          <div class="bg-image" :style="{backgroundImage: 'url(' + listDetail.coverImgUrl + ')'}">
            <div class="text">
              <h2 class="list-title">{{listDetail.name}}</h2>
              <p class="play-count" v-if="listDetail.playCount">
                <i class="iconfont icon-erji"></i>
                {{listDetail.playCount}}
              </p>
            </div>
          </div>
          <div class="song-list-wrapper">
            <div @click="playAll" class="sequence-play" v-show="listDetail.trackCount">
              <i class="iconfont icon-icon-1"></i>
              <span class="text">播放全部</span>
              <span class="count">(共{{listDetail.trackCount}}首)</span>
            </div>
            <song-list @select="selectItem" :songs="listDetail.tracks"></song-list>
          </div>
        </div>
      </scroll>
    </div>
  </transition>
</template>
<script>
  import scroll from '../scroll'
  import songList from '../song-list/song-list'
  export default {
    data(){
```

```
      return {
        id: '',
        playCount: '',
        listDetail: {},
        headerTitle: '歌单'
      }
    },
    created(){
      console.log('created')
    },
    activated(){
      console.log('actived')
      this.getId();
    },
    methods: {
      getId(){
        this.id = this.$route.query.id;
        return this.getListDetail()
      },
      getListDetail(){
        this.$http.get('/playlist/detail?id=' + this.id)
          .then((res) => {
            this.listDetail = res.data.playlist;
          })
      },
      selectItem(item, index){
        //console.log(index);
        this.$store.dispatch('selectPlay',{
          list: this.listDetail.tracks,
          index
        });
      },
      playAll(){
        this.$store.dispatch('selectPlay',{
          list: this.listDetail.tracks,
          index: 0
        });
      },
      back(){
        this.$router.push('/recommend')
      },
    },
    components: {
      scroll,
      songList
    }
  }
</script>
<!--下面还有<style>…</style>中的内容，主要是对版面进行排版的CSS代码，具体可以见项目music-->
```

歌单页面运行效果如图18-13所示。

图 18-13 歌单页面运行后的效果图

18.6.6 歌手页面

歌手页面可以让我们了解到每一首歌的演唱者，下面将对仿网易云音乐系统中的歌手页面进行介绍。项目中歌手页面文件的位置如图 18-14 所示。

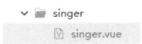

图 18-14 歌手页面文件在项目中的位置

singer 下 singer.vue 中的歌手页面代码如下：

```
<template>
  <transition name="slide" mode="out-in">
    <div class="singer">
      <div class="header" ref="header">
        <div class="back" @click="back">
            <i class="iconfont icon-sdf"></i>
        </div>
      </div>
        <scroll class="list" :data="hotSongs" ref="list">
          <div class="music-list-wrapper">
            <div class="bg-image" :style="{backgroundImage: 'url(' + singerDetail.picUrl + ')'}">
            <div class="text">
            <h2 class="list-title">{{singerDetail.name}}</h2>
            <p class="desc">{{singerDetail.briefDesc}}</p>
            </div>
          </div>
          <div class="song-list-wrapper">
            <song-list @select="selectItem" :songs="hotSongs"></song-list>
            </div>
          </div>
        </scroll>
    </div>
  </transition>
</template>
<script>
  import scroll from '..//scroll'
  import songList from '../song-list/song-list'
  export default {
    data(){
```

```
            return {
                singerDetail: {},
                hotSongs: []
            }
        },
        activated(){
            this.getId();
        },
        methods: {
            back(){
                this.$router.back();
            },
            getId(){
                this.id = this.$route.query.id;
                return this.getSinger();
            },
            getSinger(){
                this.$http.get('/artists?id=${this.id}')
                .then((res) => {
                    this.singerDetail = res.data.artist;
                    this.hotSongs = res.data.hotSongs;
                    console.log(this.singerDetail.picUrl)
                })
            },
            selectItem(item, index){
            //console.log(index);
                this.$store.dispatch('selectPlay',{
                    list: this.hotSongs,
                    index
                });
            },
        },
        components: {
            scroll,
            songList
        }
    }
</script>
<!--下面还有<style>…</style>中的内容，主要是对版面进行排版的 CSS 代码，具体可以见项目 music-->
```

歌手页面运行效果如图 18-15 所示。

图 18-15　歌单页面运行后的效果图

18.6.7 播放器

播放器页面有很多功能,包括播放/暂停、播放模式切换、切换歌曲、调整播放进度、播放列表等。下面将对它们进行介绍。

项目中播放器页面文件的位置如图 18-16 所示。

图 18-16 播放器页面文件在项目中的位置

player 下 player.vue 中的播放器页面代码如下:

```
<template>
    <div class="player" v-if="playingList.length > 0">
        <transition name="normal">
            <div class="normal-player" v-if="fullScreen">
                <div class="background">
                <div class="filter"></div>
                    <img :src="currentSong.al.picUrl" width="100%" height="100%">
                </div>
                <div class="top">
                    <div class="back" @click="back">
                        <i class="iconfont icon-sdf"></i>
                    </div>
                    <h1 class="title">{{currentSong.name}}</h1>
                    <h2 class="subtitle">{{currentSong.ar[0].name}}</h2>
                </div>
                <div class="middle"
                    @touchstart.prevent="middleTouchStart"
                    @touchmove.prevent="middleTouchMove"
                    @touchend="middleTouchEnd">
                <!-- <transition name="middleL"> -->
                    <div class="middle-l" ref="middleL">
                        <div class="cd-wrapper">
                            <div class="cd" :class="cdClass">
                                <img :src="currentSong.al.picUrl" class="image">
                            </div>
                        </div>
                        <div style="width: 100%;height: 50px;"></div>
                    </div>
                <!-- </transition> -->
                <!-- currentLyric 不为空时传入 -->
                <scroll :data="currentLyric && currentLyric.lines" class="middle-r" ref="lyricList">
                    <div class="lyric-wrapper">
                        <div v-if="currentLyric">
                            <p ref="lyricLine"
                                class="text"
                                :class="{'current':currentLineNum === index}"
                                v-for="(line,index) in currentLyric.lines"
                                :key="line.key">{{line.txt}}</p>
```

```html
          </div>
        </div>
      </scroll>
      <!-- <transition name="middleR">
        <scroll class="middle-r" ref="lyricList" v-show="currentShow ===
          'lyric'" :data="currentLyric && currentLyric.lines">
          <div class="lyric-wrapper">
            <div class="currentLyric" v-if="currentLyric">
              <p ref="lyricLine" class="text" :class="{'current': currentLineNum === index}"
                v-for="(line, index) in currentLyric.lines"
                :key="line.key">
                {{line.txt}}
              </p>
            </div>
            <p class="no-lyric" v-if="currentLyric === null">{{upDatecurrentLyric}}</p>
          </div>
        </scroll>
      </transition> -->
    </div>
    <div class="bottom">
      <div class="dot-wrapper">
        <span class="dot" :class="{'active':currentShow === 'cd'}"></span>
        <span class="dot" :class="{'active':currentShow === 'lyric'}"></span>
      </div>
      <div class="progress-wrapper">
        <span class="time time-l">{{format(currentTime)}}</span>
        <div class="progress-bar-wrapper">
          <progress-bar :percent="percent" @percentChange="onProgressBarChange"/>
        </div>
        <span class="time time-r">{{format(duration)}}</span>
      </div>
      <div class="operators">
        <div class="icon i-left">
          <i :class="iconMode" @click='changeMode'></i>
        </div>
        <div class="icon i-left">
          <i @click="prev" class="iconfont icon-shangyiqu101"></i>
        </div>
        <div class="icon i-center" @click="togglePlay">
          <i :class="playIcon"></i>
        </div>
        <div class="icon i-right">
          <i @click="next" class="iconfont icon-xiayiqu101"></i>
        </div>
        <div class="icon i-right" @click.stop="showPlaylist">
          <i class="iconfont icon-caidan-dakai"></i>
        </div>
      </div>
    </div>
  </div>
</div>
```

```html
        </transition>
        <transition name="mini">
          <div class="mini-player" v-if="!fullScreen" @click="open">
            <div class="icon">
              <img :class="cdClass" :src="currentSong.al.picUrl" width="40" height="40">
            </div>
            <div class="text">
              <h2 class="name">{{currentSong.name}}</h2>
              <div class="desc">{{currentSong.ar[0].name}}</div>
            </div>
            <div class="control">
              <i :class="playIcon" @click.stop="togglePlay"></i>
              <!-- <progress-circle :radius="radius" :percent="percent">
                <i class="fa" :class="miniIcon"></i>
              </progress-circle> -->
            </div>
            <div class="control" @click.stop="showPlaylist">
              <i class="iconfont icon-caidan-dakai"></i>
            </div>
          </div>
        </transition>
        <playing-list ref="playingList"/>
        <audio @ended="end" @canplay="getduration" @timeupdate="updateTime" ref="audio" :src="musicUrl"></audio>
    </div>
</template>
<script>
import progressBar from '../progress-bar'
import Lyric from 'lyric-parser'
import Scroll from '../scroll'
import playingList from '../playingList/playingList'
import { setTimeout } from 'timers';
  export default {
    data(){
      return {
        currentTime: 0,
        duration: 0,
        currentLyric: null,
        currentLineNum: 0,
        currentShow: 'cd'
      }
    },
    created(){},
    mounted(){},
    activated(){},
    methods: {
      back(){
        this.$store.commit('SET_FULL_SCREEN',false);   //关闭全屏播放器
      },
      open(){
```

```js
      this.$store.commit('SET_FULL_SCREEN',true);      //打开全屏播放器
    },
    showPlaylist(){
      this.$refs.playingList.show();                    //打开播放列表
    },
    togglePlay(){                                       //播放/暂停
      this.$store.commit('SET_PLAYING_STATE',!this.playing);
      if(this.currentLyric){
        this.currentLyric.togglePlay()
      }
    },
    end(){
      if(this.$store.state.mode === 1){
        this.loop();      //单曲循环时调用loop方法
      } else {
        this.next();
      }
    },
    loop(){
      this.$refs.audio.currentTime = 0;
      this.$refs.audio.play();
      if(this.currentLyric){
        this.currentLyric.seek(0);
      }
    },
    next(){
      let index = this.currentIndex + 1;
      if(this.currentIndex === this.playingList.length - 1){
        index = 0;
      }
      this.$store.commit('SET_CURRENT_INDEX',index);
      if(!this.playing){
        this.togglePlay()
      }
    },
    prev(){
      let index = this.currentIndex - 1;
      if(this.currentIndex === 0){
        index = this.playingList.length -1;
      }
      this.$store.commit('SET_CURRENT_INDEX',index);
      if(!this.playing){
        this.togglePlay()
      }
    },
    getduration(){
      console.log(this.$refs.audio.duration);
      this.duration = this.$refs.audio.duration;
    },
    updateTime(e){
```

```js
      this.currentTime = e.target.currentTime;   //获取 audio 当前播放时间
    },
    format(interval){ //audio 时间戳格式化
      interval = interval | 0;  //取整
      const minute = interval/60 | 0;
      const second = this._pad(interval%60);
      return `${minute}:${second}`;
    },
    changeMode(){
        const mode =(this.$store.state.mode + 1)%3;
        this.$store.commit('SET_PALY_MODE',mode);
        let list = null;
        let _list = this.sequenceList.slice(0);    //此处对 this.sequenceList 进行深拷贝
        //如直接将 this.sequenceList 传入 shuffle 函数会无意中修改 state 中的 sequenceList
        if(mode === 2){
          console.log('mode2')
          list = this.shuffle(_list);   //洗牌函数
        } else {
          console.log('mode01')
          list = _list
        }
        this.resetCurrentIndex(list);
        this.$store.commit('SET_PLAYLIST',list);

    },
    resetCurrentIndex(list){//使模式切换时当前播放歌曲不变
      let index = list.findIndex((item) => {
        return item.id === this.currentSong.id
      });
      console.log(index)
      this.$store.commit('SET_CURRENT_INDEX',index);
    },
    onProgressBarChange(percent){
      const currentTime = this.duration * percent;
      this.$refs.audio.currentTime = currentTime;
      if(this.currentLyric){
        this.currentLyric.seek(currentTime*1000)
      }
    },
    getLyric(){
      this.$http.get('/lyric?id='+this.currentSong.id)
      .then((res) => {
        this.currentLyric = new Lyric(res.data.lrc.lyric,this.handleLyric);
        console.log(this.currentLyric)
        if(this.playing){
          console.log('play')
          this.currentLyric.play();
        }
      })
    },
```

```js
handleLyric({lineNum,txt}){  //歌曲播放时，歌词每一行改变时的回调
  console.log(lineNum);
  this.currentLineNum = lineNum;
  if(lineNum > 5){
    let lineEl = this.$refs.lyricLine[lineNum - 5];
    this.$refs.lyricList.scrollToElement(lineEl, 1000);
  }else {
    this.$refs.lyricList.scrollTo(0, 0, 1000);
  }

},
middleTouchStart(e){
  this.touch.initiated = true;  //设置表示touch开始的标志位initiated 判断是否是一次滑动
  this.touch.moved = false;
  const touch = e.touches[0];
  this.touch.startX = touch.pageX;
  this.touch.startY = touch.pageY;
},
middleTouchMove(e){
  if(!this.touch.initiated){
    return
  }
  const touch = e.touches[0];
  const deltaX = touch.pageX - this.touch.startX;
  const deltaY = touch.pageY - this.touch.startY;
  if(Math.abs(deltaY) > Math.abs(deltaX)){  //纵向滚动距离大于横向滚动距离时执行return语句
    return
  }
  if(!this.touch.moved){
    this.touch.moved = true;
  }
  const left = this.currentShow === 'cd' ? 0 : -window.innerWidth;
  const offsetWidth = Math.min(0,Math.max(-window.innerWidth, left + deltaX));
  this.touch.percent = Math.abs(offsetWidth / window.innerWidth)
  this.$refs.lyricList.$el.style.transform = 'translate3d(${offsetWidth}px,0,0)';
  this.$refs.lyricList.$el.style.webkitTransform = 'translate3d(${offsetWidth}px,0,0)';
  this.$refs.lyricList.$el.style.transitionDuration = '0ms';
  this.$refs.lyricList.$el.style.webkitTransitionDuration = '0ms';
  this.$refs.middleL.style.opacity = 1- this.touch.percent;
  this.$refs.middleL.style.transitionDuration = '0ms';
},
middleTouchEnd(){
  if(!this.touch.moved){
    return
  }
  let offsetWidth;
  let opacity;
  if(this.currentShow === 'cd'){
    if(this.touch.percent > 0.1){
      offsetWidth = -window.innerWidth;
```

```js
          opacity = 0;
          this.currentShow = 'lyric';
        } else {
          offsetWidth = 0;
          opacity = 1;
        }
      } else {
        if(this.touch.percent < 0.9){
          offsetWidth = 0;
          this.currentShow = 'cd'
          opacity = 1;
        } else {
          offsetWidth = -window.innerWidth;
          opacity = 0;
        }
      }
      const time = 300;
      this.$refs.lyricList.$el.style.transform = 'translate3d(${offsetWidth}px,0,0)';
      this.$refs.lyricList.$el.style.webkitTransform = 'translate3d(${offsetWidth}px,0,0)';
      this.$refs.lyricList.$el.style.transitionDuration = '${time}ms';
      this.$refs.lyricList.$el.style.webkitTransitionDuration = '${time}ms';
      this.$refs.middleL.style.opacity = opacity;
      this.$refs.middleL.style.transitionDuration = '${time}ms';
    },
    _pad(num, n=2){   //补零
      let len = num.toString().length;
      while(len < n){
        num = '0' + num;
        len++;
      };
      return num;
    },
    shuffle(arr){ //洗牌函数，即将数组打乱
      for(let i = 0; i< arr.length; i++){
        let j = this.getRandomInt(0,i);
        let t =arr[i];
        arr[i] = arr[j];
        arr[j] = t;
      }
      return arr;
    },
    getRandomInt(min,max){
      return Math.floor(Math.random()*(max - min +1)+min)
    }
  },
  computed: {
    playIcon(){
      return this.playing ? 'iconfont icon-suspend_icon' : 'iconfont icon-icon-1'
    },
    iconMode(){
```

```javascript
      return this.$store.state.mode === 0 ? 'iconfont icon-xunhuanbofang' :
        this.$store.state.mode === 1 ? 'iconfont icon-danquxunhuan' : 'iconfont icon-icon--1';
    },
    cdClass(){
      return this.playing ? 'play' : 'play pause'
    },
    fullScreen(){
      return this.$store.state.fullScreen;
    },
    playingList(){
      return this.$store.state.playingList;
    },
    sequenceList(){
      return this.$store.getters.getSequenceList;
    },
    currentIndex(){
      return this.$store.state.currentIndex;
    },
    currentSong(){
      return this.$store.getters.currentSong;
    },
    playing(){
      return this.$store.state.playing;
    },
    musicUrl(){
      return 'https://music.163.com/song/media/outer/url?id='+this.currentSong.id+'.mp3'
    },
    percent(){
      return this.currentTime/this.duration;
    }
},
created(){
  this.touch = {};
},
watch: {
  currentSong(){                          //监听正在播放的歌曲改变
  })
    if(this.playing){
      setTimeout(() => {
        this.$refs.audio.play();
      },1000)                             //防止手机前后台切换造成无法播放
    }
    if(this.currentLyric){
        console.log('stop')
        this.currentLyric.stop();
    }
    if(this.currentIndex > -1 ){
      this.getLyric();                    //播放列表没有歌曲时不再获取歌词
    }
  },
```

```
      currentIndex(newCurrentIndex){        //播放列表没有歌曲时暂停播放
        if(newCurrentIndex === -1){
          this.$refs.audio.pause();
        }
      },
      playing(newPlaying){
        this.$nextTick(() => {
          const audio = this.$refs.audio;
          newPlaying ? audio.play() : audio.pause();
        })
      }
    },
    components: {
      progressBar,
      Scroll,
      playingList
    }
  }
</script>
<!--下面还有<style>…</style>中的内容，主要是对版面进行排版的CSS代码，具体可以见项目music-->
```

播放器页面运行效果如图 18-17 所示。

图 18-17　播放器页面运行后的效果图

下面讲解播放器中的播放列表。项目中播放列表文件的位置如图 18-18 所示。

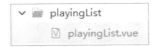

图 18-18　播放列表文件在项目中的位置

playingList 下 playingList.vue 中的播放列表页面代码如下：

```
<template>
  <transition name="list-fade">
    <div v-show="ifShow" class="playing-list" @click="close">
      <div class="list-wrapper" @click.stop>
        <div class="list-header">
          <div class="play-mode-con" @click='changeMode'>
            <i :class="iconMode"></i>
            <span class="play-mode-text">{{modeText}}({{sequenceList.length}})</span>
          </div>
          <i @click="clearAllSongs" class="iconfont icon-qingkongshanchu"></i>
        </div>
        <scroll ref="listContent" class="list-content" :data="sequenceList">
          <transition-group name="list" tag="ul">
```

```html
            <li class="item" ref="listItem"
                v-for="(item, index) in sequenceList" :key="item.id" @click="selectSong(index, item)">
              <div class="text">
                <i v-show="item.id === currentSong.id" class="iconfont icon-shengyinkai"></i>
                <span class="song" :class="{active: item.id === currentSong.id}">{{item.name}}
                </span>
                <span class="singer" :class="{active: item.id === currentSong.id}">- {{item.ar[0].name}}</span>
              </div>
              <span class="delete" @click.stop="deletSong(item)">
                <i class="iconfont icon-guanbi"></i>
              </span>
            </li>
          </transition-group>
        </scroll>
      </div>
    </div>
  </transition>
</template>
```
```vue
<script>
import scroll from '../scroll'
export default {
    data(){
        return {
            ifShow: false
        }
    },
    methods: {
        show(){
            this.ifShow = true;
        },
        close(){
            this.ifShow = false;
        },
        changeMode(){
          const mode =(this.$store.state.mode + 1) % 3;
          this.$store.commit('SET_PALY_MODE',mode);
          let list = null;
          let _list = this.sequenceList.slice(0);   //此处对 this.sequenceList 进行深拷贝
          //如直接将 this.sequenceList 传入 shuffle 函数会无意中修改 state 中的 sequenceList
          if(mode === 2){
            console.log('mode2')
            list = this.shuffle(_list);   //洗牌函数
          } else {
            console.log('mode01')
            list = _list
          }
          this.resetCurrentIndex(list);
          this.$store.commit('SET_PLAYLIST',list);
        },
        resetCurrentIndex(list){ //使模式切换时当前播放歌曲不变
          let index = list.findIndex((item) => {
            return item.id === this.$store.getters.currentSong.id
          });
```

```
          console.log(index)
          this.$store.commit('SET_CURRENT_INDEX',index);
        },
        clearAllSongs(){
          this.$store.dispatch('clearAllSongs');
        },
        selectSong(index,item){
          if(this.$store.state.mode === 2){
            //随机模式下须先执行findIndex
            index = this.$store.state.playingList.findIndex((song) => {
              return song.id === item.id
            })
          }
          this.$store.commit('SET_CURRENT_INDEX',index);
        },
        deletSong(item){
          this.$store.dispatch('deleteSong',item);
          console.log(item)
        },
        shuffle(arr){  //洗牌函数，即将数组打乱
          for(let i = 0; i< arr.length; i++){
            let j = this.getRandomInt(0,i);
            let t =arr[i];
            arr[i] = arr[j];
            arr[j] = t;
          }
          return arr;
        },
        getRandomInt(min,max){
          return Math.floor(Math.random()*(max - min +1)+min)
        }
      },
      computed: {
        sequenceList(){
          return this.$store.getters.getSequenceList;
        },
        currentSong(){
          return this.$store.getters.currentSong;
        },
        iconMode(){
          return this.$store.state.mode === 0 ? 'iconfont icon-xunhuanbofang' :
          this.$store.state.mode === 1 ? 'iconfont icon-danquxunhuan' : 'iconfont icon-icon--1';
        },
        modeText(){
          return this.$store.state.mode === 0 ? '列表循环' : this.$store.state.mode === 1 ? '单曲循环' : '随机播放';
        }
      },
      components: {
        scroll
      }
    }
</script>
<!--下面还有<style>…</style>中的内容，主要是对版面进行排版的CSS代码，具体可以见项目music-->
```

播放列表效果如图 18-19 所示。

图 18-19　播放列表运行效果图

18.7　本章总结

　　用户使用音乐 App 当然是为了找到好音乐,但这并不是一件容易的事。在庞大的曲库中,还存在着大量的我们不曾听过但是又喜爱的歌。网易云音乐系统依靠其强大复杂的推荐算法帮助用户找到自己喜欢的歌曲,便能提高用户的忠诚度。听音乐又是一件非常个性化的事情,不同的人喜好不尽相同。App 中社交元素的融入让用户不仅仅被动听音乐、音乐评论及朋友板块让用户有了表达自己情感的地方,让他们有了更多参与感。如果说听音乐是用户的基本需求,那么音乐社交就是用户的期望需求。当用户满足了最基本的需求后,会产生一些期望的需求,特别是对于一些重度音乐用户来说,社交是很重要的一部分。

　　本章仿网易云音乐系统通过其个性推荐、歌单、社交等模块让用户有参与感。这些感情上微妙的变化,使其成了一款有情怀的产品。